C. Linke

Erkrankungen der Leber während der Gravidität und des Puerperium

C. Linke

Erkrankungen der Leber während der Gravidität und des Puerperium

ISBN/EAN: 9783744643375

Hergestellt in Europa, USA, Kanada, Australien, Japan

Cover: Foto ©berggeist007 / pixelio.de

Weitere Bücher finden Sie auf **www.hansebooks.com**

Erkrankungen der Leber

während der

Gravidität und des Puerperium.

Inaugural-Dissertation

der medizinischen Fakultät zu Jena

zur

Erlangung der Doctorwürde

in der

Medizin, Chirurgie und Geburtshilfe

vorgelegt

von

C. Linke,

prakt. Arzt.

Jena 1888.

Druck von G. Neuenhahn.

Genehmigt von der medicinischen Fakultät zu Jena auf Antrag des Herrn Geh. Hofrath B. S. Schultze.

Jena, den 10. August 1888.

W. Müller,
z. Zt. Erdean.

Seinem lieben alten Freunde

Dr. med. Wilhelm Gürtler,
Officier van Gezondheid. O. J. L.

auf

Pontianak, West-Borneo,
Nederl. Indic.

in

alter Freundschaft und Hochachtung

gewidmet

vom Verfasser.

Zu den verhältnissmässig am seltensten während der Schwangerschaft und des Wochenbettes vorkommenden Erkrankungen gehören wohl ohne jeden Zweifel die krankhaften Affektionen der Leber. In den meisten Lehrbüchern über Geburtshülfe, über die Pathologie und Therapie der Schwangerschaft und des Wochenbettes finden sich über dieselben entweder gar keine oder nur ganz flüchtige, oberflächliche Angaben; desgleichen ist die Literatur über diesen Gegenstand eine relativ spärliche. Diese Erscheinung erklärt sich wohl ohne weiteres von selbst eben aus der Seltenheit der in Rede stehenden Affektionen.

Ich will nun den Versuch machen, in folgender Abhandlung einen kurzen Abriss wenigstens der hauptsächlichsten und klinisch wichtigsten Erkrankungen der Leber, von denen Schwangere und Wöchnerinnen heimgesucht werden können, und die zu kennen auch für den praktischen Arzt wünschenswerth ist, zu geben.

Veranlasst wurde ich hierzu durch zwei Fälle, welche auf der hiesigen geburtshülflichen Klinik beobachtet wurden, von denen der eine durch die Schwierigkeit, welche er einer genauen, sicheren Diagnosestellung bereitete und durch seinen Verlauf bemerkenswerth ist, während der andere, ein Fall von Cholelithiasis insofern ein gewisses Interesse darbietet, als bei der Patientin während des Wochenbettes mehrere Anfälle von Gallensteinkolik, die seit mehreren Jahren bei ihr ausgeblieben waren, wieder auftraten und mit Ausstossung mehrerer Gallensteine und Heilung endeten. Beide Fälle wurden seinerzeit vom Herrn Privatdozent Dr. F. Skutsch in der hiesigen medicinischen Gesellschaft vorgestellt und eingehend besprochen [1]).

Beginnen wir zunächst mit der einfachsten Erkrankung, dem Icterus, so tritt uns gleich bei diesem im diametralen Verhältniss zu seiner sonstigen Häufigkeit seine grosse Seltenheit in der Gravidität und dem Puerperium entgegen. Spaeth [2]) hat ihn nach seiner Statistik vom Jahre 1854 unter 14061 Schwangeren 3 mal gesehen und nach einer neueren von ihm herrührenden Statistik nur 5 mal unter 30000 Schwangeren. Dieses seltene Vorkommen von Icterus wird jedoch von Konrád [3]) in Grosswardein auf Grund seiner Erfahrungen bestritten. Jedenfalls aber ist der Icterus gegenüber den anderen Erkrankungen in der Gravidität und Puerperium eine seltene Erscheinung.

Man kann seinem Auftreten und Verlaufe nach zwei Formen unterscheiden, nämlich den Icterus levis s. catarrhalis und den sogenannten Icterus gravis. Ueber letzteren, und zwar speciell über sein Verhältniss zur acuten gelben Leberatrophie, soll weiter unten die Rede sein.

---

1) cfr. Skutsch, Lebererkrankungen im Puerperium. Correspondenz-Blätter des Allgemeinen ärztlichen Vereins von Thüringen, 1888, No. 3, pag. 337 ff.

2) Wiener med. Wochenschrift. 1854. S. 78.

3) Pester med.-chir. Presse. 1876. XII.

Wenden wir uns zunächst dem Icterus levis s. catarrhalis zu, so finden wir in demselben eine Affektion, welche durch verschiedene äusserc Schädlichkeiten hervorgerufen werden kann. Am meisten sind in dieser Hinsicht wohl Diätfehler mit folgendem Gastroduodenalkatarrh, der sich auf die Gallenwege fortsetzt und so zu Gallenstauung führt, zu beschuldigen. Bekannt ist ja in dieser Beziehung die merkwürdige Thatsache, dass bei Schwangeren gar nicht so selten eigenthümliche Gelüste nach gewissen, oft sehr schwer verdaulichen Speisen auftreten, nach welchen sie früher nie Verlangen getragen haben, und es ist eigentlich zu verwundern, dass dieselben nicht häufiger üble Folgen nach sich ziehen.

Ferner werden Erkältungen als Ursache von Icterus angegeben, doch bleibt die Bedeutung dieses aetiologischen Momentes meist zweifelhaft. Dagegen kann man den Einfluss stärkerer psychischer Erregungen, namentlich heftigen Aergers, Schrecks, Zornes, Ekels u. s. w. auf Entstehung eines Icterus nicht in Abrede stellen. Ferner soll auch nach Konrád [1]) bei Schwangeren öfters nach mehreren Wechselfieberanfällen Icterus auftreten, der aber bald nach Anwendung von Chinin und eines Laxans schwindet.

Was die Symptome des Icterus levis angeht, so beginnt derselbe meist mit Verdauungsstörungen, Appetitlosigkeit, üblem Geschmack im Munde, Aufstossen, Obstipation, Flatulenz u. s. w. Diese Symptome können eine Zeit lang fortbestehen und dann allmälich wieder verschwinden, ohne dass üble Nachwirkungen für Mutter und Kind zurückbleiben. Ja in manchen Fällen hat

---

1) Pester med.-chir. Presse XII. 1876. S. 47.

Icterus seit Beginn der Schwangerschaft bestanden, ohne dass üble Zufälle dadurch erzeugt wurden und erst, wie in einem von Queirel[1]) berichteten Falle, trat am 3. Tage des Wochenbettes eine heftige Verschlimmeruug ein, so dass aus dem bisherigen Icterus levis ein gravis wurde. Auch sind Fälle berichtet, in denen Icterus mehrmals während einer Schwangerschaft ohne nachtheilige Folgen auftrat. Auch in der von Dr. Saint Vel mitgetheilten Icterus-Epidemie auf Martinique, von welcher weiter unten noch des weiteren die Rede sein wird, hatte die Affection bei 10 Schwangeren keinen Einfluss auf die Gravidität. Dieselben kamen rechtzeitig mit nicht icterischen Kindern nieder.

Dies ist der gutartige Verlauf des Icterus catarrhalis und, wie es scheint, der verhältnismässig weniger häufigere. In der Mehrzahl der Fälle geht er uach kürzerem oder längerem Bestehen plötzlich, selten allmälich, in die schwerere Form des Icterus gravis oder gar sofort in die gefährliche acute gelbe Leberatrophie über. Deshalb ist jeder gewöhnliche Icterus, der eine Schwangere oder Wöchnerin befällt, als eine bedenkliche Erkrankung anzusehen, da man nie vorher wissen kann, ob sich nicht eine bösartigere Form aus ihm entwickeln wird.

Die Prognose scheint um so übler zu sein, in je späteren Schwangerschaftsmonaten die Affektion auftritt. Auch scheint das epidemische Auftreten des Icterus, so gutartig er in den übrigen Fällen meist verläuft, für Gravidität und Puerperium von sehr ungünstiger Bedeutung zu sein und in diesen Zuständen die Form des Icterus gravis anzunehmen.

---

1) Nouv. arch. de tocol. 1887. No. 1.

So berichtet z. B. Carpentier[1]) in der Revue
med.-chir. Mai 1854, dass er seit einigen Jahren in der
Gegend von Roubaix (Bezirk Lille) ziemlich häufig Fälle
von Icterus zur Beobachtung erhalten habe, die meisten-
theils ohne Bedeutung waren, bei Schwangeren jedoch
oft einen üblen Charakter annahmen, sodass alle Diejenigen, welche gebaren, während sie an Icterus litten,
1—2 Tage nach der Entbindung unter Gehirnerscheinungen
starben. Der Verfasser beobachtete 11 solcher Fälle,
von denen er 4 ausführlich beschreibt. Diese stimmen
darin überein, dass die Geburt, während Icterus vorhanden war, im 7. oder 8. Graviditätsmonate erfolgte.
Nach der Entbindung trat grosse Neigung zum Schlafen
auf, die in einen komatösen Zustand überging, dem Bewusstlosigkeit und Tod folgte. Carpentier ist der Ansicht, dass nicht der Icterus als solcher, sondern die
Ursache zu demselben eine tiefe, tödtliche Einwirkung
auf das Nervensystem bewirke.

Eine andere Epidemie, die auf Martinique stattfand,
beschreibt Dr. Saint-Vel[2]) in der Gazette des Hopi-
taux 1862 Nr. 32 folgendermassen. Im Jahre 1858,
nachdem das gelbe Fieber seit einem Jahre verschwun-
den war, trat auf Martinique im April eine Epidemie
von Icterus auf, die im Juni und Juli ihr Maximum erreichte und bis zum Ende dieses Jahres in vereinzelten
Fällen fortdauerte. Sie durchwanderte in dieser Zeit die
ganze Colonie, befiel alle Rassen, besonders Erwachsene,
und endete in der Regel glücklich wie ein einfacher
katarrhalischer Icterus. Die einzigen Opfer waren Frauen,

---

1) Schmidt's Jahrbücher No. 83. S. 322.
2) Schmidt's Jahrbücher No. 118. 1863. S. 301.

besonders Schwangere. ·Nur 10 von letzteren gebaren rechtzeitig und zwar nicht ikterische Kinder. 20 andere kamen vor der Zeit mit nicht icterischen Früchten nieder, die gewöhnlich todt waren, oder, wenn lebend geboren, bis auf 1 bald starben. Der Beginn, auch der tödtlichen Fälle, war ganz, wie beim katarrhalischen Icterus, fieberlos, zuletzt mit Gallenfarbstoff im Urin. Nach 2—3 Wochen Dauer des Zustandes erfolgte Frühgeburt, dieser folgte meist nach wenigen Stunden, ausnahmsweise nach 3 Tagen, ein selten durch Delirien eingeleitetes Koma, das ununterbrochen bis zum Tode dauerte, der gewöhnlich nach wenigen Stunden, selten nach 1$^{1}/_{2}$ Tagen eintrat. Behandlung: Chinin. Section konnte nicht gemacht werden.

Eine 3. Epidemie wurde von Kerksig[1]) im Jahre 1788 in Ludenscheid in der Pfalz beobachtet. 70 Menschen erkrankten, darunter 5 Schwangere. Von diesen abortirten 3, von welchen 2 bald nach der Entbindung an Sopor und Delirien starben.

Von einer 4. Epidemie berichtet Bardinet[2]) in der Union medical vom Jahre 1863, welche im Winter 1859—60 in Limoges auftrat. Es erkrankten unter anderen 13 Schwangere. Bei 5 von diesen hatte der Icterus keine üblen Einwirkungen auf die Gravidität, dieselbe erreichte ihr normales Ende. Bei 5 anderen erfolgte Abort oder Frühgeburt, bei 3en trat aber unter Delirien und Koma der Exitus letalis ein. Im Uebrigen hatte diese Epidemie gar keinen malignen Charakter, denn der Autor sagt ausdrücklich:

---

1) **Hufelands** Journ. Bd. 7. H 3. S. 94.
2) Union medical 1863. No. 133—134.

„Cette epidémie n'a pas seulement porté sur les femmes enceintes. Elle a aussi frappé le reste de la population. Mais elle a exercé sur les femmes enceintes une action particulière; elle a présentéchez elles une gravidité exceptionelle qui formait un contraste des plus frappants avec sa bénignité a peu-près absolue chez l'autres".

Leider sind in allen diesen Epidemien keine Obductionen gemacht worden, die doch jedenfalls einiges Licht in das Dunkel, das noch über das Wesen dieser für Wöchnerinnen und Schwangere so gefährlichen Erkrankung schwebt., gebracht hätte. Aus den Berichten geht, wie schon oben erwähnt, eins mit voller Klarheit hervor, dass der sonst gutartig verlaufende Icterus für Schwangere eine bedenkliche Erkrankung ist, besonders wenn er epidemisch auftritt. In diesem Falle wird er bei diesen leicht zum Icterus gravis, zu dessen Schilderung wir nunmehr übergehen wollen.

Die Aetiologie desselben, ist, abgesehen von seinem epidemischen Auftreten, bei welchem man doch mit einer gewissen Nothwendigkeit ein infectiöses Agens annehmen muss, dieselbe wie beim einfachen Icterus, doch scheinen die psychischen Momente etwas mehr in den Vordergrund zu treten. Auch ein wiederholt aufgetretener Icterus catarrhalis scheint einen guten Boden für die Entwickelung der schweren Form abzugeben. Auch hat man den Druck, den der schwangere Uterus auf die Leber ausüben sollte, dafür verantwortlich machen wollen, allein dies wird von den meisten Autoren und ganz besonders von Duncan[1]) ganz entschieden in Ab-

---

1) Med. Tim. and gaz. vol. I. 1876. No. 1490. S. 57.
Centralblatt f. Gynäkol. 1879. S. 160.

rede gestellt, ebenso dass Ovarial- und andere Tumoren des Unterleibes durch Druck Leberkrankheiten hervorrufen können. Dagegen behauptet er, dass bei schon vorhandenen Leberleiden Gravidität von grosser Bedeutung werden kann. So hat er z. B. einmal eine Faltung der Leber und consecutiven Icterus bei Schnüratrophie beobachtet. Ferner ist Gallenblasenruptur inter partum und haemorrhagische Lebererweichung post partum von ihm gesehen worden.

Kehren wir nach dieser kleinen Abschweifung zu unserem Icterus gravis zurück, so finden wir, dass derselbe ein ganz anderes Krankheitsbild zeigt, das sich von dem einfachen Icterus bedeutend unterscheidet. Es treten nämlich zu den gastrischen Störungen noch Symptome von seiten des Gehirns, als Erbrechen, heftige Kopfschmerzen, allgemeine Unruhe, Benommenheit, Schlafsucht u. s. w. hinzu, ohne dass sie jedoch die Höhe erreichen, wie bei der acuten gelben Leberatrophie. Im Gegensatz zu dieser ist beim Icterus gravis die Leberdämpfung entweder gar nicht oder nur wenig verkleinert. Schmerzhaftigkeit in der Lebergegend ist oft ziemlich hochgradig vorhanden, die aber bei der acuten gelben Leberatrophie oft eine enorme Höhe erreicht.

An dieser Stelle sei es mir vergönnt, einige Worte über das Verhältniss zwischen der letztgenannten Affektion und dem Icterus gravis zu sagen. In der Litteratur finden wir diese beiden Bezeichnungen vielfach als synonyme pro miscue gebraucht, allein nach meiner Ansicht nicht mit Recht. Die acute gelbe Leberatrophie in der eigentlichsten Bedeutung des Wortes bietet fast immer ein klares, scharfes Krankheitsbild dar, das nicht leicht mit einer anderen Affektion verwechselt werden kann.

In dieser Hinsicht käme nur noch die acute Phosphor-vergiftung in Frage, die ja ein der acuten Leberatro-phie sehr ähnliches Bild darbietet. Allein dieselbe lässt sich doch wohl in den meisten Fällen durch die Anam-nese oder durch die chemische Untersuchung der er-brochenen Massen u. s. w. nachweisen. Ferner ist ja auch bei ihr Anfangs die Leber stets vergrössert, und die Verkleinerung derselben tritt erst ziemlich spät ein. Dagegen erfolgt die Volumenabnahme der Leber bei der acuten gelben Leberatrophie sehr schnell und ist zumeist sehr hochgradig.

Dagegen giebt es aber auch Fälle, von denen ich später einige anführen werde, bei denen ausser dem Icterus auch die Erscheinungen von Seiten des Gehirnes, wie sie sich bei der acuten gelben Leberatrophie finden, vorhanden sind, wenn auch in geringerem Grade; da-gegen ist aber die Leberdämpfung nur wenig oder gar nicht verkleinert. In anderen Fällen hinwiederum ist zwar eine nachweisbare Verkleinerung der Leberdämpfung vorhanden, allein in verhältnismässig recht kurzer Zeit, — in 3—4 Tagen wie in dem 5. nachher angeführten Falle —, bietet dieselbe wieder normale Perkussions-verhältnisse dar, wie sich dies auch bei dem auf der hiesigen geburtshülflichen Klinik beobachteten Falle zeigte, so dass man unmöglich glauben kann, dass ein durch acute gelbe Leberatrophie zu Grunde gegangenes Leberparenchym sich so schnell habe regeneriren können. Viel eher kann man daran denken, dass die vorhandene perkutorisch nachweisbare Abnahme der Leberdämpfung nur eine scheinbare war, indem sich vielleicht Darm-schlingen vorgelagert hatten, oder ein mässiger Meteo-rismus aufgetreten war.

Weiterhin zeigen diese Fälle meist einen protrahirten Verlauf, der sich auf mehrere Wochen hinaus erstrecken kann, was bei der acuten gelben Leberatrophie fast nie vorkommt, da bei dieser der Verlauf in fast allen Fällen ein rapider, meist nur einige Tage dauernder ist. Während ferner die letztgenannte Affektion allgemein als eine mit absoluter Sicherheit zum Tode führende angesehen wird, und etwaige berichtete Heilungen immer mit einem gewissen Misstrauen in Bezug auf genaue und exacte Diagnosestellung aufgenommen sind, sind bei den Fällen, die wir im Auge haben, öfters Heilungen gesehen worden; auch der unsere endete in Genesung. Für was sollen nun solche Affektionen gehalten werden? Sie ebenfalls kurzweg als acute gelbe Leberatrophie anzusehen, halte ich für unrichtig. Diese Bezeichnung soll nur für die ganz sicher konstatirten Fälle, die keinen diagnostischen Zweifel aufkommen lassen, reservirt bleiben. Wir können vorläufig nur sagen, dass es sich in diesen Fällen, wie auch in dem unsrigen, um eine Erkrankung handelt, die zum Theil das klinische Bild der acuten gelben Leberatrophie darbietet, deren genauere anatomische Grundlage wir aber noch nicht kennen, was bei der grossen Seltenheit der Affektion auch gar nicht zu verwundern ist. So lange nun eben das eigentliche Wesen derselben und ihre anatomische Grundlage noch nicht feststeht, mag sie ruhig unter dem allgemeinen Sammelnamen „Icterus gravis" passiren, nicht aber ohne weiteres zur acuten gelben Leberatrophie gerechnet werden.

Auch Duncan[1]) unterscheidet zwei Arten von Icterus gravis bei Schwangeren, und zwar eine weniger

---

1) Med. Tim. and gas. vol. I. 1876. No. 1490.

gefährliche, die sich also mit unserer Anschauung decken
würde, und zweitens die auch von ihm als äusserst gefährlich angesehene acute gelbe Leberatrophie. Erstere
beruht nach seiner Ansicht auf einer krankhaften In-
nervation der Leber, die aufhört, sobald der Foetus ab-
stirbt und ausgestossen wird.

Fasse ich das Gesagte noch einmal kurz zusammen,
so möchte ich aus praktischen Gründen empfehlen, die
Bezeichnung „Icterus gravis" nur für diejenigen Fälle
zu gebrauchen, bei denen einerseits im Gegensatz zum
einfachen Icterus catarrhalis die Symptome von Seiten
des Gehirnes vorhanden sind, die aber andererseits nicht
so hochgradig sind, wie bei der acuten gelben Leberatrophie; bei denen ferner die Leberdämpfung keine
oder nur eine mässige Verkleinerung zeigt, welche aber
bald wieder zur normalen Grösse zurückkehrt; bei denen
schliesslich im Gegensatz zur acuten Leberatrophie der
Verlauf ein protrahirter ist.

Kehren wir nach diesen Ausführungen wieder zur
Schilderung des Icterus gravis zurück. Die oben erwähnten Symptome von Seiten des Gehirnes, der Leber
u. s. w. nehmen allmälich ab und es kann in allerdings
ziemlich seltenen Fällen Genesung eintreten, oder die
Affektion geht, wie es meistens der Fall ist, in die stets
tödtliche acute gelbe Leberatrophie über.

Bei den Schwangeren tritt nun diese schwere Form
des Icterus meist in den mittleren oder letzten Schwangerschaftsmonaten auf. Nach kurzem Bestehen der Erkrankung, oft bald nach dem Auftreten des Icterus zeigen
sich üble Zufälle, die mit Ausstossung der Frucht enden.
Ueber die Ursachen zu dieser vorzeitigen Unterbrechung
der Gravidität sind die Meinungen noch sehr getheilt.

Man hat geglaubt, dass die Wirkung der im Blute vorhandenen Gallensäuren auf das Muskel- und Nervensystem den Abort oder die Frühgeburt herbeiführe; andere, wie z. B. auch Konrád[1]) sehen die mangelhafte Ernährung und Störung der Blutcirculation im Gefässsystem des Unterleibes, die noch durch die Schwangerschaft bedeutend gesteigert werden können, als Ursache an.

Diese schwere Form des Icterus kann nach Queirel[2]) noch nach der Geburt mit Genesung enden, selbst wenn schon anatomische Veränderung des Leberparenchyms und dadurch bedingte Verkleinerung des ganzen Organs vorhanden war. So berichtet der genannte Autor über einen Fall, in welchem der seit Anfang der Schwangerschaft bestehende Icterus sich am 3. Tage des Wochenbettes verstärkte nnd von Delirien, Koma, Prostration u. s. w. begleitet war. Die Leberdämpfung soll von 5 cm auf 2 cm im verticalen Durchmesser heruntergegangen sein. Nach 14 Tagen trat Besserung des Zustandes ein und schliesslich völlige Heilung. Die Leberdämpfung erreichte allmählich wieder die Grösse von 6 cm.

Ein 2. Fall, den Queirel ebenfalls als Icterus gravis anspricht, bot gar keine wahrnehmbaren percutorischen Veränderungen der Leber dar.

Einen weiteren Fall von Icterus gravis erzählt Ch. Noblet in der Gazette des Hôpitaux[3]), der besonders dadurch bemerkenswerth ist, dass bei ihm eine psychische Erregung, nämlich heftiger Schreck, das veranlassende Moment der Erkrankung war.

---

1) Schmidt's Jahrbücher. 177. S. 158.
2) Nouv. arch. de tocol. 1887. No. 1.
    Centralbl. für Gynaekol. 1887. S. 486.
3) Gazette des Hôpitaux. 1871. No. 149.

Eine 24-jährige, im 8. Monat schwangere Frau, die schon 4 mal normal geboren und 1 mal im 3. Monat fehlgeboren hatte, erschrak heftig über das Aufspringen der Thür eines mit Kartoffeln beladenen Eisenbahnwagens, dem sie so nahe stand, dass sie fast von den hervor-stürzenden Kartoffeln verschüttet worden wäre. Bald darauf traten Schmerzen in der rechten Seite und rechtem Bein ein; 2 Tage später Icterus, weshalb ein Abführ-mittel (Resin. Scammon. 0,6 gr) verordnet ward. Den 4. Tag befand sich Patientin besser, doch wurde sie Abends unruhig, und die Geburt des Kindes erfolgte ohne Kunsthilfe den 5. Tag früh 7 Uhr. (Kind lebte 2 Tage). Da um 9 Uhr der Uterus noch nicht genügend contrahirt war, wurden einige Dosen Secal. corn. ge-geben. Die Sensibilität fing an abzunehmen; Abends schwand das Bewusstsein vollständig. Am Morgen des 6. Tages war der Puls 72, regelmässig; die Leber über-ragte kaum den Rippenbogen. Haut und Sclerotica stark ikterisch gefärbt. Die stark contrahirten Pupillen reagiren nicht auf Lichtreiz. Sensibilität gleich Null; tiefes Koma durch einzelne Schreie und seitliche Be-wegungen des Kopfes unterbrochen, Trismus. Der Leib war nicht aufgetrieben; die Harnblase fast leer, der wenige Urin wurde durch Katheter entleert. Urin war ockergelb, blutig, die Lochien normal. Das Koma dauerte so über 5 Tage (128 Stunden) an. Am 10. Tage früh fing Patientin wieder an zu hören, die Sensibilität kehrte im Laufe des Tages wieder, doch erst am 12. Tage war das Bewusstsein völlig zurückgekehrt. Es trat Milch-absonderung in den Brüsten ein, Puls stieg wieder auf 100. Auch die Lochien, die während des Komas ganz geschwunden waren, stellten sich wieder ein. Die Therapie hatte nur in der Application einiger Klys.nata und Sinapismen über den ganzen Körper bestanden. Es erfolgt Heilung.

Ferner berichtet Hecker [1]) einen interessanten Fall, der alle Erscheinungen des Icterus gravis darbot, bei dessen Obduction die Leber nicht verkleinert gefunden wurde. Derselbe betrifft eine 28-jährige Zweitgeschwängerte, bei welcher angeblich nach reichlichem Genuss von Pilzen, Erbrechen und Durchfall mit grosser Schmerzhaftigkeit im Epigastrium und in der Lendengegend auftrat. Während die Schmerzen in letzterer bald wieder verschwanden, dauerten sie in ersterem noch fort. Der Unterleib war nicht aufgetrieben, der Leberumfang nicht verändert. Urin konnte nicht untersucht werden. Fieber sehr stark. Patientin fühlte sich sehr krank. Das Bewusstsein trübte sich im Laufe des 2. Tages, Erbrechen chokoladeförmiger Massen und ein auf den Oberkörper beschränkter Icterus trat auf. Patientin verfiel sehr stark und schnell, wurde komatös und starb 62 Stunden nach Beginn der Krankheit. Die Section ergab die Leber normal gross, ockerfarbig. Leberparenchym ohne jede normale Struktur, nur einzelne Zellen noch erhalten, aber mit Fett erfüllt, sonst alles in milchartigen Fettbrei verwandelt. In der Gallenblase wenig braune, dünnflüssige Galle, ductus cysticus und choledochus durchgängig. Milz normal gross, dunkelbraunroth, mässig weich. Nieren im 2. Stadium der parenchymatösen Entzündung. Untere Partieen des Darmkanals mit thonigem Koth, obere mit grauröthlichen Massen erfüllt. Blut dünnflüssig."

---

1) Monatsschrift f. Geburtsk. XXI. März 1863. pag. 210.

Bemerkenswerth ist auch noch in diesem Falle, dass der Icterus sich nur auf die obere Körperhälfte beschränkte.

Auch einen von F. Weber[1]) als acute gelbe Leberatrophie mitgetheilten Fall möchte ich nach meiner Ansicht zum Icterus gravis rechnen, da einerseits die Hirnsymptome nur kurze Zeit anhielten, andrerseits auch die Leberdämpfung sich von 1" Breite binnen 3 — 4 Tagen auf 3½" Breite restituirte, was bei einer acuten gelben Leberatrophie wohl kaum möglich sein dürfte. Es handelt sich hier um eine 30-jährige, zum 8. Male schwangere Frau, die seit Beginn der Gravidität, — seit 4 Monaten —, viel über Uebelkeit, Erbrechen, Schmerzhaftigkeit im Epigastrium und rechten Hypochondrium zu klagen hatte, ausserdem auch von melancholischer Gemüthsstimmung war. Am 5. Juni trat Icterus auf, dem am 16. Juni die Geburt eines lebenden, 7½monatlichen, schwach icterischen Kindes folgte. Bis zum 5. Tage nach der Geburt befand sich die Wöchnerin wohl. An diesem Tage bekam sie nach einem begangenen Diätfehler plötzlich äusserst heftige Schmerzen in der Lebergegend, allgemeine Krämpfe, Sopor und röchelnde Respiration. Am folgenden Tage ist Patientin ganz ohne Bewusstsein. Pupillenreaction auf Lichtreiz nicht vorhanden, nur bei Druck auf die Lebergegend leichte Reflexbewegungen. Temperatur 39 ° C. Puls sehr schwach, 60 in der Minute. Starkes Trachealrasseln ist vorhanden. Die Extremitäten sind kalt. Der ganze Körper grüngelb. Die Sekrete, sogar die Milch von intensiv gelber

---

1) Petersburg. med. Wochenschrift. 1878. No. 36.
Centralblatt f. Gynaekol. 1878. S. 591.

2 *

Farbe. Oedem des Gesichtes. Im Urin fand sich Eiweiss. Am nächsten Tage kehrte das Bewusstsein wieder,
doch war nicht die geringste Erinnerung an die vorhergehenden Tage vorhanden. Völlige Amaurose, Icterus
und Schmerzhaftigkeit der Lebergegend dauern noch
an. Leberdämpfung 1" breit. Temperatur 37,₉.
Am 4. Tage darauf: Leberdämpfung $3^1/_2$" breit,
Sehvermögen wiederhergestellt. Anaesthesie der Extremitäten. Am 8. Tage war der Icterus geschwunden, die
Leber wieder normal gross. Das Allgemeinbefinden
leidlich gut.

Im Anschluss an diesen Fall möchte ich den auf
hiesiger geburtshülflichen Klinik beobachteten nunmehr
mittheilen, der mit dem vorigen eine Menge überein-
stimmender Punkte hat. Auch bei unserer Patientin
traten die ersten Erscheinungen der Erkrankung erst
nach Verlauf von mehreren Tagen nach der Entbindung
auf. Ferner waren die Symptome von Seiten des Gehirnes wie im vorigen Falle keine zu hochgradigen;
ebenso zeigte die Anfangs verkleinerte Leberdämpfung
eine baldige Rückkehr zur normalen Grösse. Bei Beiden
war der Verlauf ein protrahirter und endeten schliesslich
in Genesung.

Die Kranke war das 20-jährige Dienstmädchen Marie
F., eine Erstgeschwängerte, welche am 23. I. 88 in die
Entbindungsanstalt aufgenommen wurde, nachdem sie
schon Tags vorher Wehen gehabt hatte. Als Kind will
sie schon an nervösen Störungen gelitten haben, kann
dieselben aber nicht näher angeben. Sie war seit ihrem
15. Jahre menstruirt, regelmässig 4-wöchentlich, ein-
tägig und sehr spärlich.

Sie ist von mittelgrosser Statur, schlank, mässig gut
genährt, macht einen schläfrigen, etwas stupiden Ein-
druck. Auf Fragen antwortet sie sehr langsam und
wenig. Bei ihrer Aufnahme klagte sie über Urinbe-
schwerden und Appetitlosigkeit. Da sie nach ihrer Angabe die letzte Regel Mitte Juni vorigen Jahres gehabt
haben will, so wird die Geburt für Ende März dieses
Jahres erwartet. Allein dieselbe erfolgt schon am 27. I.
1 Uhr 25 Minuten früh.

Die Geburt, deren Verlauf ich in kurzen Zügen mittheilen will, war eine sehr interessante und schwierige
und konnte nur durch Kunsthülfe beendet werden. Bei
der Untersuchung der Kreisenden zeigte sich nämlich
eine bedeutende auffällige Hervorwölbung der linken
Tubenecke des Uterus. Diese Hervorwölbung, die einen
Durchmesser von circa 8 cm hatte, und welche sich
durch die von ihr abgehende Tube mit Sicherheit als
Tubenecke erkennen liess, fühlte sich prall elastisch,
fast fluktuirend an. Ein leiser Schlag auf dieselbe
pflanzte sich als deutlich fühlbare Welle bis an die im
äusseren Muttermunde die fast dauernd stark gespannten
Eihäute tastenden Finger fort. Der übrige palpable
Theil der Uteruswand fühlte sich deutlich hart an. Eine
Fluktuation von anderen Stellen der Uteruswand, ausser
von der genannten linken Tubenecke aus, war durch
Anschlagen nicht hervorzubringen.

Dieser Untersuchungsbefund legte den Verdacht
nahe, dass es sich in diesem Falle um eine Tubo-Uterin-
schwangerschaft handeln könne, zumal da sich in der
Sammlung der Jenenser Klinik ein Präparat von Tubo-
Uterinschwangerschaft befindet, welches seinerzeit einen
ähnlichen Untersuchungsbefund dargeboten hatte. In

dem damaligen Falle wurde von B. S. Schultze die
sectio caesarea post mortem ausgeführt. Die Placenta
sass damals in der rechten Tubenecke, — das Ei hatte
sich im intrauterinen Theil der rechten Tube inserirt.
Während der Geburt trat eine tödtliche Ruptur an der
ebengenannten Stelle ein. Die Placenta ragte zum Theil
aus der Lücke der Uteruswand in die Bauchhöhle
hervor.

Da der Verdacht vorhanden war, dass es sich in
unserem Falle um eine gleiche Anomalie, wie in dem
eben erwähnten, handeln könne, so wurde beschlossen,
den Uterus nach vollständiger Eröffnung des Mutter-
mundes vorsichtig zu entleeren; falls während der Geburt eine Ruptur einträte, so sollte sofortige Laparo-
tomie vorgenommen werden.

Nachdem der Muttermund vollständig eröffnet war,
wurde die Blase gesprengt. Sofort entleerte sich eine
reichliche Menge Fruchtwasser, circa 2 Liter; nach Ab-
fluss desselben verschwand auch die Hervorwölbung an
der linken Tubenecke. An den hochstehenden Kopf
wurde nun die Zange angelegt; da ein ziemlich bedeutender Hydrocephalus vorhanden war, machte die
Extraction Schwierigkeit; ferner hatte das Kind Spina
bifida im Lendenmark. Es war tief asphyktisch und
starb bald nach der Geburt.

Die in den Uterus eingeführte Hand bestätigte den
Anfangs gehegten Verdacht nicht; die Placenta hatte
ihren Sitz an der hinteren Uteruswand; in der linken
Tubenecke hafteten die Eihäute auffallend fest. Bei der
Extraction erfolgte ein Dammriss, der bis in's Rectum
reichte und durch eine Anzahl Suturen sofort geschlossen
wurde.

Am Tage nach der Entbindung befand sich Patientin mit Ausnahme von Kreuzschmerzen wohl. Sie hatte keine Nachwehen, der Ausfluss war sehr reichlich, der Leib weich und auf Druck nicht empfindlich. Der Urin wurde mit dem Katheter entleert. Die Temperatureu waren normal, die Pulsfrequenz aber gesteigert.

T. Früh: 36,8.   P. Früh: 116.

Abends: 37,6.   Abends: 106.

Gegen die Kreuzschmerzen bekam sie 0,005 Morphium.

Am 28. I. waren die oben genannten Schmerzen geschwunden, der Ausfluss mässig reichlich, blutig. Leib weich, Druck auf fundus uteri empfindlich, sonst waren Schmerzen nicht vorhanden. Temperaturen normal.

29. I. Patientin hat in der Nacht zwei mal erbrochen, Leib etwas aufgetrieben, weich, nicht empfindlich. Ausfluss wie gestern. Urin wird mit dem Katheter entleert.

30. I. Patientin ist heute sehr störrisch, antwortet auf Befragen nicht. Nach Aussage der Wärterin greift sich Patientin öfters an die Genitalien, sodass die Hände blutig sind. Ferner zittert sie öfters; sie kann einen gefassten Gegenstand nicht ruhig halten, sondern zittert dabei. Auf Befehl öffnet sie den Mund nicht, macht ihn aber zum Trinken weit auf. Der Leib ist weich, nicht empfindlich, Icterus ist aufgetreten.

T.: 36,6.   P.: 90.

31. I. Gestern hat Patientin einige Male erbrochen. Während der ganzen Nacht hat sie vor sich hingestöhnt, sich viel hin und her geworfen, besonders warf sie sich meist auf die rechte Seite. Sie erhält Milch, Wein Pepton.

Gereichte Nahrung nimmt sie gern, geradezu gierig.
Sie schluckt gut und macht dabei die Augen auf, während
sie sonst geschlossen sind. Sie legt den rechten Arm
zuweilen über den Kopf nnd kratzt sich dort. Während
sie gestern beim Trinken von Milch das gereichte Gefäss
mit den Händen zu fassen suchte, dabei aber nur zit-
ternde Bewegungen des Armes machte, unterlässt sie
dies heute gänzlich; sie lässt die Arme während des
Trinkens ruhig daliegen. Während der Nacht hat sie
einige Stunden geschlafen. Im Schlafe ging Urin unwillkürlich ab. Sie gähnt häufig; auf Anreden reagirt
sie nicht. Pupillen sind weit, reagiren auf Licht. Icterus ist besonders an der Sclera sehr deutlich. Der
Icterus der Haut hat seit gestern nicht merklich zugenommen. Leberdämpfung vom unteren Rand der V. bis
zum unteren Rand der VII. Rippe. Ueber Herz und
Lungen vorn nichts Abnormes wahrzunehmen. Die
Punkte der Schmerzhaftigkeit sind nicht mit Sicherheit
zu ermittteln, da Patientin fortwährend schreit, sei es,
dass man sie auf die Lebergegend, oder auf di e Mammae,
oder auf auf andere Körperstellen drückt Patellar-
reflexe vorhanden, rechts deutlicher wie links, dasselbe
ist beim Fussclonus der Fall.

Nachmittags hat sie etwas geschlafen, dazwischen
hinein geschrieen. Gegen Abend liegt sie im Koma.
Puls deutlich unregelmässig, nach jedem 3. oder 4. Pulsschlage eine längere Pause. Der I. Ton an der Herz-
spitze ist nicht ganz rein. Ausfluss mässig reichlich,
nicht riechend, etwas blutig. Patientin hat Milch, Wein
mit Selterswasser, Pepton zu sich genommen. Urin mit
Katheter entfernt. T. Abends: 37,$_7$. P.: 72.

1. II. T. früh: 37,₂. P.: 78. Patientin hat fast die ganze Nacht mit kurzer Unterbrechung geschrieen. Flatus gingen ab, aber kein Stuhlgang. Urin wird mit dem Katheter entfernt. Eine von Herrn Privatdocent Dr. Sehrwald vorgenommene Untersuchung desselben ergiebt, dass er schwach sauere Reaction und ein specifisches Gewicht von 1019 hat. Die Farbe ist röthlichgelb, mässig getrübt, Schaum gelblich, kein Sediment. Unter dem Mikroskope zeigen sich eine Unmasse von Bacterien, zahlreiche Eiterkörperchen und Plattenepithelien, beide zum Theil intensiv gelb gefärbt. Durch die Gmelin'sche und Maréchal'sche Probe wird Anwesenheit von Gallenfarbstoff nachgewiesen. Die Proben auf Gallensäuren fallen negativ aus; Leucin und Tyrosin sind nicht vorhanden. Harnstoffgehalt 2,98 %.

Patientin liegt mit geschlossenen Augen da, athmet regelmässig; 32 Respirationen in der Minute. Die Arme sind meist hinter den Kopf geschlagen. Sie macht ab und zu die Augen auf und beginnt dann laut zu schreien. Sobald ihr Nahrung gereicht wird, ist sie ruhig, nimmt sie gern, macht die Augen dabei auf, schreit aber bald darauf wieder laut. Der Icterus hat nicht zugenommen, ist aber besonders an den Conjunctiven sehr deutlich. Die Leberdämpfung reicht vom unteren Rand der V. bis zum oberen Rand der VII. Rippe. Puls ist wieder regelmässig, 100 in der Minute. Die Bauchdecken sind in Folge des Schreiens meist gespannt. Dasselbe wird bei Berührung des Leibes nicht stärker. Auf die Aufforderung hin, die Zunge zu zeigen, sieht sie den Betreffenden an, reagirt aber nicht. Uterus ist gut contrahirt.

2. II. Bis Mitternacht hat Patientin ab und zu geschrien. Um 12 Uhr Nachts erfolgte ein ziemlich reichlicher, fester, mässig gefärbter Stuhlgang. Hierauf wurde sie ruhiger, fing an zu sprechen und verlangte nach ihrer Mutter. Dann schlief sie bis 4 Uhr Morgens. Die Lebergegend ist sehr empfindlich, die Leberdämpfung ragt vom unteren Rand der V. Rippe bis nahe an den Rippenbogen. Der Icterus hat nicht zugenommen. Bei der heute stattgefundeneü klinischen Vorstellung sieht Patientin besser aus. Auf Befragen antwortet sie, dass es ihr nicht gut gehe, sie klagt über Kreuz- und Lendenschmerzen; ferner über Schmerzeu im Kopf und am Nabel. Druck rechts vom Nabel ist schmerzhaft. Die Pupillen reagiren auf Licht gut, die Zunge wird gerade herausgestreckt. Der rechte Mundwinkel scheint etwas tiefer zu hängen als der linke. Sie giebt auf Fragen gut Antwort. Abends erfolgte auf 1 Löffel ol. Ricin. ein reichlicher dünner Stuhlgang. Temperaturen normal.

3. II. Patientin hat ziemlich viel geschlafen. Während der Nacht hat sie nach ihrer Angabe einen schwarzen Schein von der Grösse einer Hand gesehen, der sich im Zimmer hin und her bewegte. Sie klagt über Angstgefühl; Schmerzen in der Nabelgegend noch vorhanden. Die übrigen Schmerzen sind geschwuuden. Der Icterus hat nicht zugenommen. Leberdämpfung ist wie gestern. Die Lochien sind blutig, etwas riechend. Es wird eine Scheidenausspülung mit 3 % Carbollösung gemacht. Bei dieser Gelegenheit werden einige ziemlich grosse Fetzen Decidua herausbefördert.

In den folgenden Tagen änderte sich wenig an dem Zustande der Patientin. Der Ausfluss blieb reichlich und stark riechend. Am 9. II. ging beim Pressen zum

Stuhl ein Gewebsfetzen von 7 cm Länge und 2 cm Breite ab, dessen genauere Struktur wegen vorgeschrittenem fauligem Zerfall mit dem Mikroskop nicht zu erkennen war.

Die Genesung der Patientin schritt langsam fort. Während bis zum 17. II. ihr der Urin stets mit dem Katheter abgenommen werden musste, konnte sie ihn am genannten Tage zum ersten Male spontan lassen. Die Lochien wurden auch bald wieder normal. Icterus war nur noch an den Conjunctiven schwach vorhanden. Die Leberdämpfung reichte wieder vom oberen Rand der VI. Rippe bis an den Rippenbogen.

Am 3. III. wurde Patientin als geheilt aus der Anstalt entlassen. Eine Untersuchung ergab: Uterus gut zurückgebildet, anteflectirt. Rechte Tubenecke scharf, normal; linke Tubenecke kolbig, gewulstet. An der hinteren Uterusfläche lockere, leicht trennbare Adhäsionen; ein kleiner beweglicher Lappen an der Hinterwand des corpus nahe der linken Kante, von dem ein Strang (Adhäsion) aufwärts geht. Rechtes Ovarium normal gross, an der Articulatio sacro-iliaca gelegen; rechte Tube normal. Linkes Ovarium klein, erschien zuerst als Verdickung der linken Tube, diese [aber liess sich deutlich abgrenzen.

Als was für eine Affection soll nun dieser Fall angesehen werden? Für einen blossen Icterus catarrhalis waren die Erscheinungen doch zu bedenklich. Für acute Phosphorvergiftung, an welche auch gedacht wurde, liess sich nicht der geringste Anhalt finden, auch spricht der ganze Verlauf dagegen. Mit der acuten gelben Leberatrophie stimmten die Symptome nicht recht, da einerseits die Hirnerscheinungen nicht sehr hochgradig waren,

wie es bei dieser Affection doch meist der Fall ist; da
ferner die Verkleinerung der Leberdämpfung nur unbe-
trächtlich war und in verhältnissmässig kurzer Zeit wieder
zur normalen Grösse zurückkehrte. Auch spricht der
protrahirte Verlauf, der Ausgang in Genesung und der
Urinbefund gegen diese Krankheit.

Es wurde auch an Simulation auf hysterischer Grundlage gedacht, wozu auch das eigenthümliche, schon vor
der Erkrankung gezeigte Gebahren der Patientin, die
ja nach der Anamnese schon früher nervös (hysterisch?)
gewesen sein soll, Anlass gab. Allein ein sicherer Anhalt liess sich nicht finden. Dagegen spricht auch die
Arythmie des Pulses, die sich besonders deutlich am
41. I. zeigte, an welchem Tage nach jedem 3. oder 4.
Pulsschlage eine längere Pause auftrat, eine Erscheinung,
die doch nicht zum Zwecke der Simulation willkürlich
hervorgebracht werden kann. Wir können gemäss unserer
vorherigen Ausführungen nur sagen, dass es sich hier
um eine Erkrankung handelt, die zum Theil das klinische
Bild der acuten gelben Leberatrophie bietet, deren anatomische Verhältnisse wir noch nicht kennen. Bis dies
der Fall sein wird, wollen wir sie unter dem Sammelnamen „Icterus gravis" rubriciren.

Was nun die Aetiologie dieses Falles angeht, so ist
dieselbe nicht mit Sicherheit festzustellen. In erster
Linie könnte man vielleicht daran denken, dass die
Affektion hier auf septischer Basis beruhe, indem die
im Uterus zurückgebliebenen Gewebsfetzen — Decidua-
reste — einen toxischen Einfluss ausgeübt haben, indem
ihre fauligen Zerfallsprodukte resorbirt und durch die
Blut- und Lymphbahn im Körper weiter verbreitet und
sich besonders in der Leber lokalisirt haben. Von hier

aus seien dann die Erscheinungen, die eine gewisse
Aehnlichkeit mit dem Bilde der acuten gelben Leberatrophie hatten, veranlasst worden. Allein gegen eine
Infection lassen sich eine Menge Gründe anführen. Erstens
wären wohl die Erscheinungen stürmischer aufgetreten,
dann hätten wohl auch die Temperaturen höher sein
müssen, die meist normal, manchmal sogar subnormal
waren; auch zeigte die Pulsfrequenz während der Erkrankung selbst keine Erhöhung. Ein eventueller Diätfehler war auch mit Sicherheit auszuschliessen, kurz, es
liess sich keine sichere Ursache zu der Erkrankung
auffinden.

Was soll nun in therapeutischer Beziehung beim
Icterus gravis der Schwangeren und Wöchnerinnen ge-
schehen?

Man hat mehrfach beobachtet, dass nach Ausstossung
der Frucht die bedenklichen Symptome meist sofort ab-
nahmen, besonders betont dies Bardinet bei der von
ihm beobachteten Epidemie, die wir oben mitgetheilt
haben. Es liegt in Folge dessen sehr nahe an die Möglichkeit zu denken, die vom Icterus befallenen Schwangeren durch Einleitung des Abortes oder der Frühgeburt
vor dem schlimmen Ausgange ihrer Krankheit zu schützen.
Natürlich ist es hierbei nöthig, die Indication zu dieser
eingreifenden Operation scharf und praecis zu stellen.
Bardinet, dessen Ansicht wir in dieser Beziehung
folgen wollen, räth, so lange sich kein beunruhigendes
Symptom zeigt, von einem derartigen Eingriffe entschieden
abzustehen. Stellen sich aber Symptome des Icterus
gravis, besonders von Seiten des Gehirnes ein, dann gilt
es rasch zu handeln und den Uterus seines Inhaltes zu
entledigen. Befindet sich die Schwangere im 6. — 7.

Schwangerschaftsmonate, so wird dadurch die Frucht, die in Folge der sehr gefährlichen Erkrankung der Mutter ohnehin wenig Aussicht auf Erhaltung des Lebens hat, entfernt. Ist die Frucht dagegen 8—9 Monate alt und somit im Stande eine extrauterine Existenz zu führen, so wird durch eine einzuleitende Frühgeburt möglicherweise auch die Mutter gerettet. In diesem letzteren Falle dürfen also keinerlei Zweifel ein rasches Handeln des Arztes verzögern.

Tritt nun der Icterus epidemisch auf, so bieten sich zwei Möglichkeiten: zeigen sich unzweifelhafte Symptome der Malignität, so ist nach den obenerwähnten Grundsätzen zu verfahren. Scheint aber die Erkrankung einen ganz gutartigen Charakter zu haben, so fragt es sich, ob man ruhig das Auftreten schlimmerer Symptome abwarten soll oder nicht. Hier ist zuvörderst der Charakter der Epidemie überhaupt in's Auge zu fassen. Ist derselbe weniger bösartig, so mag man in den Fällen, in welchen ein Abortus nöthig wäre, und somit das Kind geopfert würde, abwarten, bis ernstere Erscheinungen sich zeigen. Dort aber, wo die Frucht bereits lebensfähig ist, liegt wohl kein Grund vor, auch nur zu zögern durch eine Frühgeburt beide Individuen, Mutter und Kind, bei einer Erkrankung der ersteren am Icterus gravis wenn irgend möglich, sicher zu stellen.

Konrád[1]) will nur dann beim Icterus die künstliche Unterbrechung der Schwangerschaft für indicirt gehalten wissen, wenn unstillbares Erbrechen, hochgradige Nephritis oder häufige eklamptische Anfälle vorhanden sind. Im Uebrigen ist die Therapie, wie auch

---

1) Schmidt's Jahrbücher. 177. S. 158.

bei den Wöchnerinnen, die vom Icterus befallen werden, hauptsächlich eine symptomatische. Ein besonderes Augenmerk ist darauf zu richten, für möglichst lange Erhaltung der Kräfte zu sorgen.

Nachdem wir schon im Vorhergehenden öfters der acuten gelben Leberatrophie Erwähnung gethan haben, wollen wir nunmehr zu dieser Erkrankung selbst übergehen.

Die acute gelbe Leberatrophie, Atrophia hepatis acuta flava, auch Hepatitis parenchymatosa acuta genannt, ist eine der interessantesten, durch ihre klinischen Symptome, ihre höchst ungünstige Prognose und ihre grosse Seltenheit hervorragende Krankheit. Früher wurden unter dem Namen Icterus gravis viele tödtlich verlaufende und mit Icterus complicirte Erkrankungen mannigfachen Ursprunges zusammengefasst. Rokitansky[1]) war der Erste, der sie in pathologisch-anatomischer Beziehung aus diesen ausschied und sie als selbständige Krankheit hinstellte, während Frerichs[2]) zuerst eine genaue und umfassende klinische Schilderung von ihr gab.

Ihr Auftreten ist immer acut oder subacut. Ihr Vorkommen ist sehr selten, so dass sie selbst in den grössten Kliniken und Hospitälern der grossen Städte oft Jahre lang nicht beobachtet wird; ja es giebt bedeutende und erfahrene Kliniker, die auf eine langjährige Thätigkeit zurückschauen können, welche diese Krankheit niemals gesehen zu haben versichern. Dagegen

---

1) Handbuch der pathol. Anatomie. 1842. III. pag. 313.
2) Frerichs. Klinik der Leberkrankheiten. 1861. I. pag. 204 ff.

scheint sie unter gewissen uns noch unbekannten, vielleicht atmosphärischen Einflüssen epidemisch vorzukommen. So beobachtete z. B. Riess [1]) in der kurzen Zeit von 3 Monaten in der Berliner Charité 5 Fälle. Arnould [2]) sah in Lille in ebenfalls 3 Monaten 10 Soldaten an Icterus gravis erkranken und 4 davon sterben, deren Krankheit acute gelbe Leberatrophie gewesen zu sein scheint. Auch in den oben angeführten Epidemien scheinen die tödtlich verlaufenen Fälle, wenigstens zum grossen Theil, durch acute gelbe Leberatrophie, in welche der anfängliche Icterus gravis übergegangen war, bedingt gewesen zu sein. Um so lebhafter ist zu bedauern, dass gerade bei diesen Epidemieen keine Sectionen, die doch sicher manchen Aufschluss über das Wesen der Krankheit gebracht hätten, gemacht worden sind.

Die Aetiologie derselben ist noch sehr in Dunkel gehüllt, jedoch neigt man in der neueren Zeit immer mehr dazu, sie als acute Infectionskrankheit zu erklären, zumal da von verschiedenen Beobachtern z. B. Klebs [3]) (Mikrococcen), Zander [4]) (Bakterien), Eppinger [5]) (Mikrococcen und Bakterien), Hlava [6]) (Mikrococcen und Bakterien), Tomkins und Dreschfeld [7]) (Mikrococcen), Boinet und Boy-Teissier [8]) (Coccen), Mikroorganismen, theils Bakterien, theils Coccen, theils beide

1) Schultzen und Ries. Charité-Annalen. 1869. XV.
2) Riess in Eulenburgs Real-Encyklopädie. B. XI. S. 633.
3) Handbuch d. patholog. Anatomie. B. I.
4) Virchow's Archiv. 59. pag. 153. 1874.
5) Eppinger. Prager Vierteljahrsschrift. 125. p. 29. 1875.
6) Prager med. Wochenschrift. 1882. No. 42.
7) The Lancet. 1884. I. p. 606.
8) Rev. d. med. 1886. No. 4.

zu gleicher Zeit bei ihr gefunden worden sind. Ob dieselben, und welche von ihnen die specifischen Krank-
heitserreger sind, steht noch nicht fest und bleibt noch
weiterer Forschung überlassen.

Nach Gerhardt's [1]) Ansicht sind die meisten acuten
gelben Leberatrophien bei Schwangeren abhängig von
„acutester septischer Infection", namentlich von abge-
storbenen Früchten im Uterus herrührend. Allein diese
Ansicht ist wohl kaum haltbar und kann höchstens in
einer minimalen Anzahl von Fällen zutreffen. Unter den
von dieser Krankheit befallenen Schwangeren und Wöchnerinnen sind verhältnissmässig sehr viele, bei denen die
Möglichkeit einer derartigen Genese mit Sicherheit aus-
geschlossen werden kann, indem die Kinder, die nach
Eintritt der Erkrankung geboren wurden, entweder lebend
zur Welt kamen, oder erst während der Geburt starben,
oder schliesslich ganz frischtodt waren und keinerlei
Spuren von fauligem Zerfall, der eine septische Intoxication hätte hervorrufen können, zeigten. Die Fälle,
in denen der Foetus Spuren von Fäulniss gezeigt haben
soll, sind sehr selten, so dass bei der Genauigkeit, mit
welcher die beobachteten Fälle von acuter gelber Leberatrophie bei Graviden und Puerperen von den betreffenden Autoren referirt worden sind, wohl auch der oben
genannte Zustand des Foetus erwähnt worden wäre.
Auch in den Sectionsbefunden wird sehr häufig der
Uterus in gutem Contractionszustande und seine Schleimhaut normal ohne Zeichen septischer Infection gefunden.
Allein hiermit soll nicht gesagt sein, dass überhaupt

---

1) Ueber Icterus gastroduodenalis in Volkmann's Sammlung
klin. Vorträge. No. 17. S. 3.

keine Fälle vorkämen, in denen eine macerirte Frucht,
oder faulige Placentar- oder Eihautreste eine Septicaemie
erzeugt haben, die dann im weiteren Verlaufe zur parenchymatösen Degeneration der Leber mit mehr oder
weniger ausgedehntem Zerfall der Drüsenzellen geführt
haben. Bamberger[1]), Hecker') und andere haben
solche Fälle mitgetheilt. Allein diese sind doch immer-
hin selten.

Lomer[3]) sieht dagegen die Ursache der acuten
gelben Leberatrophie in der Gallenstauung im Verein mit
den veränderten Stoffwechselverhältnissen, die während
der Schwangerschaft vorhanden sind.

Er sagt: „Es ist ja klar, die Retention der Galle
an und für sich kann nicht die Erscheinung der acuten
gelben Leberatrophie erklären. Es muss da noch ein
„Etwas" dazu kommen, und dieses „Etwas" scheint
leicht in der Schwangerschaft geboten zu sein. Warum
ein Icterus, der bei anderen Menschen unschuldig verläuft, gerade bei Schwangeren solche Verheerungen an-
richtet, ist nicht recht einzusehen; man muss sich da
wohl als Erklärung an die veränderten Verhältnisse des
Stoffwechsels während der Schwangerschaft halten."

Dass eben diese veränderten Stoffwechselverhält-
nisse in der Schwangerschaft überhaupt von grossem
Einflusse auf jede krankhafte Affektion der Schwangeren
sein müssen, sehen wir ja, wie auch Lomer ganz richtig

---

1) Deutsche Klinik. 1850. S. 98 f.
2) Chiari, Braun und Spaeth. Klinik der Geburtshülfe. Erl. 1855. S. 254 ff.
3) Lomer. Ueber die Bedeutung d. Icterus gravidarum für
Mutter und Kind. Zeitschrift für Geburtsh. u. Gynäkol. XIII. Bd.
S. 184.

hervorhebt, auch bei den anderen Erkrankungen derselben. So tritt z. B. bei ihnen das Erbrechen, Eklamp-
sie, Scarlatina u. s. w. unter einer ganz anderen, viel
bösartigeren Form auf, als in den meisten Fällen bei
den übrigen von diesen Affektionen befallenen Individuen.
Was für ein ganz anderes, viel schlimmeres Bild gewährt
nicht ferner die puerperale Infection gegenüber dem
einer chirurgisch-septischen Infection? Es kommt eben
bei den Graviden die vermehrten Ansprüche an die
Leistungsfähigkeit und die dadurch gesteigerte Thätigkeit der Organe hinzu, in Folge deren die letzteren
vulnerabler und weniger widerstandsfähig gegen etwaige
sie treffende Schädlichkeiten werden. Dies ist umso-
mehr der Fall je mehr die Schwangerschaft ihrem Ende
sich zuneigt.

Welchen Einfluss nun die Anwesenheit des Foetus
im Uterus auf die Bösartigkeit der Erkrankung hat,
und worauf derselbe beruht, ist noch völlig unklar. Auffallend bleibt es immer, dass bedeutend mehr Schwangere
als Wöchnerinnen von der Krankheit befallen werden.
Dies geht auch aus der Thierfelder'schen Statistik
in Ziemssens Handbuch der speciellen Pathologie und
Therapie, von welcher weiter unten noch genauer die
Rede sein wird, hervor, in welcher auf 30 Schwangere
nur 3 Wöchnerinnen kommen.

Was nun das Wesen der acuten gelben Leberatrophie
angeht, so giebt es eine ganze Menge Theorien hierüber,
die ich in kurzen Zügen zusammenzustellen versuchen
will. Rokitansky glaubte die Affektion als auf eine
Gallencolliquation beruhend, ansehen zu müssen. Allein
diese Ansicht ist gänzlich unhaltbar, da, abgesehen davon, dass die Galle gar nicht die Fähigkeit besitzt, das

Lebergewebe zum Schmelzen zu bringen, auch in allen
Fällen weder Gallenretention, noch Polycholie, wie He-
noch annimmt, noch Paralyse der Gallenwege nach
Dusch, noch Verschliessung der Pfortader nach Henle
vorhanden gewesen ist.

Frerichs nimmt an, dass das Wesen der acuten
gelben Leberatrophie in einer diffusen parenchymatösen
Leberentzündung bestehe, deren entzündliches Exsudat
welches sich in Form eines fettigen, körnigen Detritus
in dem acinösen Bindegewebe absetze, die Atrophie bewirke, indem es durch Druck das Leberparenchym zum
Schwinden bringe.

Erichsen dagegen hält diese interacinösen Fett-
und Körnchenmassen nicht für entzündliches Exsudat,
sondern für zerfallenes Parenchym und die entzündlichen
Veränderungen in den Leberzellen selbst für die Haupt-
sache.

Buhl sieht die Affection als Theilerscheinueg einer
gehemmten Ernährung des gesammten Organismus an,
die ausserdem auch besonders Herz und Nieren mit
ergreife.

Wunderlich hält sie für eine acute perniciöse
Constitutionskrankheit, durch welche der Destructions-
process in der Leber und meist zugleich auch in anderen
Organen angeregt wird.

Bamberger betrachtet sie als eine schwere Allge-
meinkrankheit und die anatomische Veränderung in der
Leber als secundär bedingt.

In der neuesten Zeit schliesslich neigt man sehr
dazu sie als eine acute Infectionskrankheit anzusehen.

Die schweren und stürmischen Symptome der acuten
gelben Leberatrophie, besonders die von Seiten des

Centralnervensystems werden nach Frerichs und Virchow am besten dadurch erklärt, dass durch die Zerstörung des Leberparenchyms, durch welche die Gallenbereitung aufgehoben wird und sog. Acholie eintritt, die zur Bereitung der Galle, des Harnstoffes u. s. w. dienenden Stoffe im Blute zurückbehalten werden. Durch diese Intoxication des Blutes werden dann auch die Hirnsymptome hervorgebracht. Mit der Annahme der Acholie stimmt auch der anatomische Befund überein, indem fast in allen Fällen die Gallenwege frei, die Gallenblase leer und die frischerkrankten Lebertheile pigmentarm waren, während die ockergelbe Farbe der völlig zerfallenen Lebertheile nicht auf zurückgehaltenen Gallenfarbstoff, sondern auf das sich aus den zersetzten Geweben entwickelnde Pigment zu beziehen ist.

Fassen wir nun die Ansichten über das Wesen der acuten gelben Leberatrophie zusammen, so besteht dieselbe, wie auch Meissner[1]) annimmt, in einer acuten parenchymatösen Hepatitis, deren eigentliche Ursache noch nicht genau bekannt ist, wahrscheinlich aber auf infectiöser Basis beruht. Diese Affektion führt in kurzer Zeit zu einer mehr oder weniger vollkommenen Zerstörung der Leber, verhindert hierdurch die Gallenbereitung und erzeugt so Acholie. Die nun im Blute retinirten Stoffe, sowie die durch die Veränderung in der Leber selbst entwickelten Substanzen bedingen eine Intoxication des Blutes, welche unter typhösen und cephalischen Erscheinungen rasch zum Tode führt.

Oft geht ein gewöhnlicher Icterus catarrhalis, und zwar besonders gern in der Gravidität und dem Puer-

---

1) Schmidt's Jahrbücher. 165. 1865.

perium in die schlimmere Form des Icterus gravis, der
dann meist bald in die acute gelbe Leberatrophie aus-
artet, über; ja man hat sogar, wie auch schon oben erwähnt, einen direkten Uebergang von Icterus catarrhalis
in acute gelbe Leberatrophie gesehen.

Unter den Geschlechtern überwiegt das weibliche
bedeutend; es kommen auf dasselbe im Ganzen reichlich die Hälfte mehr Erkrankungsfälle als auf das männliche, und wenn man blos die Zeit des Frequenzmaxi-
mums berücksichtigt, sogar doppelt so viel. (75 : 37).
Die Gravidität, weniger das Puerperium giebt entschieden
eine Prädisposition zu dieser Erkrankung und besonders
sind es die mittleren und letzten Schwangerschaftsmonate, die die grösste Neigung zu dieser Krankheit
zeigen. So sind nach der schon oben erwähnten Statistik
von Thierfelder [1]), welche 143 sicher konstatirte Fälle
von acuter gelber Leberatrophie umfasst, in dieser Zahl
30 Schwangere und 3 Wöchnerinnen. Von den 30
Schwangeren befanden sich:

3 im 4. Schwangerschaftsmonate
5 „ 5. „
6 „ 6. „
8 „ 7. „
1 „ 8. „
1 „ 9. „
6 „ 10. „

Trotz dieser Prädilektion, welche die Krankheit für
Schwangere zeigt, ist sie doch auch bei diesen ausser-
ordentlich selten. Duncan [2]) sah sie einmal unter

---

1) Ziemssens Handbuch d. speciell. Pathol. und Therap.
B. VIII. S. 216.
2) l. c.

10000, Spaeth bei 2 von 33000 und C. Braun[1]) nur
einmal bei 28000 Gebärenden.

Die Jahreszeit ist wohl indifferent; früher hielt man
das Frühjahr und den Herbst für gefährlich, allein sie
kommt in allen Jahreszeiten vor.

Die Körperconstitution scheint meist ohne Einfluss
zu sein; meist sind es gut genährte, robuste Individuen,
die im vollen Besitze ihrer Kraft stehen. Mitunter sind
es jedoch auch solche, die durch Kummer, Entbehrung
oder dissoluten Lebenswandel geschwächt sind.

Wenden wir uns nunmehr dem klinischen Bilde zu,
welches die acute gelbe Leberatrophie darbietet. Gewöhnlich nimmt man bei ihr zwei Abschnitte im Krank-
heitsverlaufe an. Erstens das Stadium der Prodromal-
erscheinungen und zweitens das Stadium der Hirnsymptome.
Der Verlauf der ganzen Krankheit ist ein sehr rapider,
meist 1 ½/.—6 Tage, nur in seltenen Fällen länger dauernd.

Die Anfangssymptome sind wie beim Icterus levis
und gravis dem eines acuten Magenkatarrhes gleich.
Appetitlosigkeit, Mattigkeit, gedrückte Stimmung, allge-
meines Krankheitsgefühl u. s. w. sind vorhanden. Sehr
bald stellt sich Icterus ein. Nur in sehr seltenen Fällen
kann derselbe einmal fehlen, wie in dem von Bamberger
mitgetheilten Falle, den ich weiter unten auch anführen
werde. Plötzlich ändert sich aber dieses Bild und es
zeigen sich in den meisten Fällen die schwersten Hirnsymptome, viel heftiger noch als beim Icterus gravis.
Nur sehr selten findet ein allmähliger Uebergang aus
dem I. in das II. Stadium statt. Es treten nunmehr
Somnolenz, Delirien mit Hallucinationen, grosse Unruhe,

---

1) Ziemssens Handbuch. B. VIII. S. 216.

die sich paroxysmell bis zu furibunden Tobsuchtsanfällen
steigern kann, heftiges Erbrechen auf; klonische Krämpfe
sind häufig, seltener tonische; dann stellen sich allmählich Sopor, Koma ein, in welchem dann der Tod mit
Collaps oder Lungenoedem erfolgt. Die Leberdämpfung
nimmt selten vor, meist während des II. Stadiums ab,
und zwar oft mit rapider Schnelligkeit. Das Volumen
der Leber kann bis auf $1/2$ ja bis auf $1/4$ des natürlichen
Volumens herabsinken und zwar ist meist der linke
Lappen am hochgradigsten afficirt. Welchen enormen
Grad die Atrophie der Leber in verhältnissmässig kurzer
Zeit erreichen kann, zeigen besonders die später angeführten, drei ersten Fälle. Die Substanz kann gleichmässig gelb sein oder auch rothe und gelbe Stellen ent-
halten. An ersteren ist der degenerative Prozess am
meisten vorgeschritten.

Die Schmerzen in der Lebergegend sind meist in
sehr hohem Grade vorhanden, so dass die Patienten sogar im tiefen Koma auf Druck in der Lebergegend
Schmerzensäusserungen noch von sich geben. Manchmal fehlen allerdings auch die Schmerzen in der Lebergegend.

Der Urin zeigt ausser dem Vorhandensein der
Gallenbestandtheile eine bedeutende Abnahme des Harn-
stoffgehaltes, der mitunter gleich Null werden kann.
Dafür treten aber andere Körper im Harn auf, wie
Leucin und Tyrosin, ferner Oxymandelsäure, Fleisch-
milchsäure u. s. w. als Produkte des gestörten Stoff-
umsatzes. Auch pigmentirte und granulirte Epithelien
und Cylinder aus den Harnorganen u. a. m. finden sich.

Die Pulsfrequenz ist im Beginn des II. Stadiums
normal oder etwas vermindert, selten vermehrt. Oft ist

der Puls aussetzend. Bald aber, und besonders kurz
ante exitum steigt die Zahl der Pulsschläge, so dass sie
unzählbar werden können, zugleich ist der Puls klein
und leicht unterdrückbar. Dasselbe Verhalten zeigt die
Temperatur, die meist normal oder subnormal ist und
erst gegen das Ende eine Steigerung zeigt, die post
mortem bis auf 42° C. und darüber hinaufgehen kann.
Bei Graviden tritt nun wohl ohne Ausnahme während
der Krankheit, meist kurz nach Beginn des II. Stadiums
Abort oder Frühgeburt ein. Die Früchte sind meist
icterisch und entweder todt oder sie sterben bald nach
der Geburt. Dass der Icterus der Mutter auch auf die
Frucht übergehen muss, ist nicht nothwendig, kommt
aber häufig vor. Unter welchen Bedingungen letzteres
der Fall ist, ist noch nicht genau bekannt. Man hat
gesagt, dass das Befallensein der Frucht von Icterus
von der Dauer und der Intensität des mütterlichen ab-
hänge, allein mit Sicherheit lässt sich dies nicht be-
haupten und trifft auch nicht in allen Fällen zu. Ferner
giebt die acute gelbe Leberatrophie bei Graviden und
Puerperen noch häufig Veranlassung zu profusen Blutungen, zu Metrorrhagie, durch welche der letale Ausgang oft noch beschleunigt wird. Ueberhaupt kommt bei
dieser Erkrankung eine starke Neigung zu Blutungen vor,
die sich theils in Bluterbrechen, Nasenbluten, weniger
häufig in blutigem Stuhlgang und Haematurie äussert.
Nicht selten treten auch in der Haut Petechien und
Ecchymosen auf. Blutungen grösseren oder kleineren
Umfanges in den serösen Häuten als Peritoneum, Peri-
card, Pleura u. s. w. gehören zu den regelmässigen Be-
funden bei der Section.

Was nun die Prognose dieser Erkrankung angeht, so ist dieselbe wie schon oben erwähnt für die Mutter und meist auch für das Kind eine ungünstige. Heilungen von sicher konstatirten Fällen von acuter gelber Leberatrophie, die keinen diagnostischen Zweifel aufkommen lassen, sind wohl noch nie beobachtet worden, und etwaige Mittheilungen von geheilten Fällen werden wohl mit Recht mit Misstrauen betrachtet.

Ebenso ungünstig wie die Prognose ist auch der Stand der Therapie bei dieser Erkrankung. Wir stehen der letzteren eigentlich geradezu machtlos gegenüber und unsere ganze Medication kann höchstens nur eine symptomatische sein. Ausserdem verläuft auch der ganze Prozess meist mit einer solchen Schnelligkeit, dass jeder therapeutische Eingriff dadurch illusorisch wird. Da bei Graviden das mütterliche Leben doch von vornherein als verloren zu betrachten ist, so frägt es sich, ob man nicht wenigstens den Versuch machen solle, das kindliche zu retten. Natürlich kommen hier nur die Fälle in Betracht, in denen die Affection in den letzten Monaten der Schwangerschaft auftritt, so dass die Frucht bereits zur extrauterinen Existenz befähigt ist. In solchen Fällen wäre es wohl berechtigt, ja einzig richtig gehandelt, wenn zur Rettung des kindlichen Lebens rechtzeitig die künstliche Frühgeburt eingeleitet würde. Natürlich kommt es hier auch darauf an, dass der rechte Zeitpunkt nicht verpasst wird, dass nicht die künstliche Frühgeburt erst dann eingeleitet wird, wenn auch die Frucht schon afficirt ist. Hierin liegt aber gerade die grosse Schwierigkeit, da das Auftreten der bösartigen Symptome des II. Stadiums meist plötzlich geschieht, da ferner oft die Krankheit so schnell verläuft, dass eine künstliche Frühgeburt nicht mehr eingeleitet werden kann. Im Uebrigen verweise ich in dieser Beziehung auch noch auf das bei der Besprechung der Therapie des Icterus gravis Gesagte.

Nachdem ich nun das Hauptsächlichste und klinisch Wichtigste über die acute gelbe Leberatrophie in kurzen Zügen erwähnt habe, will ich nunmehr im Folgenden einige der interessantesten, in der Literatur sich hier und da zerstreut findenden Fälle der in Rede stehenden Erkrankung bei Graviden und Puerperen zusammenstellen, ohne dass jedoch diese Zusammenstellung Anspruch auf Vollständigkeit machen soll.

Die nachstehend 3 ersten Fälle zeichnen sich besonders dadurch aus, dass die Atrophie der Leber wohl den denkbar höchsten Grad erreicht hat.

I. [1])

Eine 28-jährige Frau im 8. Schwangerschaftsmonate erkrankte 8 Tage vor der Aufnahme mit leichtem Fieber unter den Erscheinungen eines acuten Magenkatarrhes. Sie zeigte mässige Fieberhitze, Puls 96, deutlichen Icterus der Hautdecken und der Sclera, Kopfschmerz, Schlaflosigkeit und Appetitmangel, gelben Zungenbelag, bitteren Geschmack, Verstopfung, Praecordialschmerz. Leber normal gross, bei Druck sehr schmerzhaft; dabei katarrhalische Bronchitis in beiden Lungen. Am folgenden Tage steigerte sich der Kopfschmerz, die Zunge wurde braun, rissig, der Stuhl blieb verstopft; der Icterus

---

1) E r i c h s e n. Ueber acute Leberatrophie. Petersburg. med. Zeitschr. VI. 2. 1864.

wurde stärker, die Leberdämpfung nahm ab. Am Abend
trat Bewusstlosigkeit, Nachts Delirien hinzu nebst galligem schleimigem Erbrechen und halbflüssigen Stühlen.
Am 3. 7. war die Leberdämpfung in der Axillar- und
Mamillarlinie gar nicht mehr nachweisbar, sondern nur
noch im Rücken. Am 4. 7. erfolgte Frühgeburt eines
todten Kindes und unter Sopor, Trismus und unter un-
zählbaren, fadenförmigen Pulsen starb die Kranke in
der folgenden Nacht.

Sectionsbefund: Die Haut und das subcutane Zellgewebe mässig icterisch; die Dura mater und Pia mater
icterisch und mässig hyperämisch. Im Herzbeutel einige
Unzen icterischen Serums. Das Pericardium icterisch,
ebenso die Gerinnsel in beiden Herzhälften, das Herz
im Uebrigen normal, ebenso die Lungen. Die Magenschleimhaut geschwellt, die Därme tympanitisch aufgetrieben, mit viel flüssigen, blutig gefärbten Faecalmassen
gefüllt. Die Milz vergrössert, die Kapsel gespannt, das
Parenchym blutreich, weich. Die Nierenkapseln von
der glatten, injicirten, icterischen Oberfläche leicht abziehbar, die Nieren selbst normal gross, weicher wie gewöhnlich; die Rinde breit, geschwellt, blutreich, die
Glomeruli gefüllt; die gewundenen Harnkanälchen icterisch
und trübe; die Pyramiden blutreich, die geraden Harnkanälchen scheinbar normal; im Nierenbecken punktförmige Ecchymosen. Der Uterus kindskopfgross, hart, derb
mit icterischer Schleimhaut. Die Leber zu einem pfann-
kuchenartigen, glatten Körper zusammengeschrumpft,
25 Unzen schwer, 5″ breit, 6″ hoch, 1½″ dick, die
Kapsel glatt, aber gefaltet und wie ein Sack das schlaffe
welke Parenchym umgebend. Das letztere im Durchschnitte zu einem weichen, gleichförmigen Brei ohne

Spur des normalen Gewebes entartet. Unter dem Mikroskope zeigte sich das Parenchym und das interstitielle Gewebe in einen körnigen, fettigen, braungelben Detritus verwandelt. Die Nieren boten in der Rinde fettige Degeneration des Harnröhrchenepithels mit leichtem Icterus dar, sowie Verfettung der Malpighischen Kapseln; die geraden Kanälchen normal. Leucin und Tyrosin weder im Harn noch in der Leber vorhanden.

II. [1])

Eine 19-jährige Erstgeschwängerte, welche wegen eines unglücklichen Sturzes am 22. Februar 1862 zur Aufnahme kam, wurde 5 Wochen später von einem ausgetragenen, gesunden Kinde entbunden und erkrankte am folgenden Tage unter einem heftigen Frostanfalle an Peritonitis, zu der sich am 3. Tage ausgebreiteter Meteorismus und am 4. Icterus und galliges Erbrechen gesellte. Die Lebergegend war bei der leisesten Berührung schmerzhaft und bot in der Perkussion tympanitischen Schall dar, so dass eine acute Leberatrophie wahrscheinlich war. Calomel, Opium, Eispillen blieben ohne Erfolg. Unter fortdauerndem quälendem Erbrechen und hinzutretender Darmlähmung und Hirnreizung erfolgte der Tod nach 5-tägiger Krankheit; 3 Tage nach Beginn des Icterus.

Die Section ergab starke icterische Färbung des Körpers. In der rechten Pleurahöhle circa $1\frac{1}{2}$ Pfund safrangelbes eitriges Exsudat mit Fibrinflocken; an der

---

1) Dr. Th. Hugenberger. Petersb. med. Zeitschrift. VI. 2. 1864. p. 95.

Wurzel und dem unteren Lappen beider Lungen theils leichte Hepatisation, theils punktförmige Haemorrhagieen und Oedem; im Herzbeutel etwas gelbliches Serum; Herzbeutel klein und welk; die Intima der Klappen und der grossen Gefässe intensiv gelb. In der Bauchhöhle 3—4 Pfund dickflüssigen gelblichen Exsudates mit grossen schwefelgelben Fibrinflocken; das ganze Peritoneum gelb, blutig injicirt mit grösseren und kleineren Ecchymosen. Die Dünndärme vielfach untereinander verklebt, die Schleimhaut derselben leicht gelockert mit einigen Ecchymosen, die Peyer'schen Drüsen geschwellt. Magen und Dickdarm normal, nur durch Ecchymosen marmorirt. Die Leber stellenweise mit dem Zwerchfelle verwachsen, bis auf Faustgrösse geschwunden, der rechte Lappen wenig über 1″ dick, der linke nur $\frac{1}{4}$″; das Parenchym citronengelb, von Galle durchtränkt, völlig matsch ohne Spur eines normalen körnigen Gefüges. Die grösseren Lebergefässe und der Pfortaderstamm enthielten wenig, schmutzig rothes Blut; ihre Intima war intensiv gelb; die Gallenblase mit hellgrüner Galle gefüllt. Die Milz war sehr klein; ihr Gewebe breiig erweicht; schmutzig blassroth. Beide Nieren vergrössert, weich; ihre Kapsel normal; die Rinde dick, bleich, welk; die Medullaris normal, die Kelche gelb. Die Harnkanälchen mit wenig grüngelber Flüssigkeit. Die mikroskopische Untersuchung der Leber (nach Dr. Avenarius) ergab vollkommene Zerstörung des eigentlichen Drüsengewebes der Leber und statt der zerfallenen Leberzellen zwischen den feinsten Gefässverzweigungen und dem dieselben begleitenden Bindegewebszüge nur grössere oder kleinere Fetttropfen oder gleichartige Molekularmassen.

III. [1])

Eine 26 Jahr alte Frau war 14 Tage bevor sie ärztliche Hülfe suchte, gegen das Ende der Schwangerschaft an Icterus erkrankt. Sie war schwach, hinfällig, jammerte viel. Leib stark aufgetrieben. Leberdämpfung kaum 3 cm. Urin specif. Gewicht 1028, feste Bestandtheile 6,52 %, wenig Harnstoff, Chloride, Sulphate und Phosphate; dagegen Tyrosin (auch mikroskopisch nachgewiesen), Gallenfarbstoff (Cholepyrrhin und Biliverdin) Gallensäuren. Leichte Entbindung von einem reifen icterischen Kinde. Nach Entfernung der Placenta ziemlich starke Metrorrhagie. Tod 16 Tage nach Auftreten des Icterus bei stark erhöhter Temperatur und unter Convulsionen. Leberdämpfung war nicht mehr nachweisbar gewesen. Das Kind starb nach 5 Tagen ebenfalls icterisch unter Convulsionen.

Bei der Section (Tag nach dem Tode) fand sich die Leiche faul, Leber 6½ Loth (105 gr) schwer. Gallenblase leer; Darm stark durch Gas ausgedehnt, Blut theerartig.

Der folgende von Bamberger [2]) mitgetheilte Fall, dessen schon oben Erwähnung geschah, ist insofern äusserst interessant, als bei ihm keine Spur von Icterus vorhanden war, trotzdem die Atrophie der Leber einen bedeutenden Grad erreicht hatte.

IV.

Bei einer 30-jährigen Erstgebärenden war während der Entbindung wiederholt chloroformirt und nach Ex-

---

1) Dr. Kowatsch. Memorabilien. XVIII. I. pag. 25.
2) Bamberger. Krankheiten des chylopoetischen Systems. 2. Aufl. S. 532.

traction des lebenden Kindes wegen Metrorrhagie die
Placenta gelöst worden. Am nächsten Tage grosse
Schwäche, mässiges Fieber und grosser Collaps des Gesichtes. Am folgenden Tage früh ausser beschleunigtem
Pulse (110) keine krankhaften Erscheinungen. aber schon
gegen 10 Uhr Vormittags Klagen über grosses Angstgefühl, öfteres Schluchzen, starker Durst, kalte Hände
und Füsse und fast kein Puls mehr. Während eines
Bades wurden die Augen stark verdreht, und die Kranke
fing an heitere Lieder zu singen. Nach einigen Stunden
kamen maniakalische Zufälle mit leichten Zuckungen.
Mittags erfolgte der Tod, 38 Stunden nach dee Geburt.
Vom Icterus war weder im Leben noch an der Leiche
eine Spur vorhanden, und doch zeigte die Leber den
entwickeltsten Grad der acuten Atrophie und der Zerfall der Leberzellen war ein so completer, dass man
kaum hier und da noch Spuren derselben finden konnte.

V.[1])

26-jährige Frau zum 2. Male schwanger. Seit 8
Tagen Icterus, grosse Angst und Schmerzen in Magen-
und Lebergegend. Nach der Entbindung von einem
icterischen Kinde trat subjectives Besserbefinden ein,
Verkleinerung der Leberdämpfung war jedoch deutlich
vorhanden. Am 2. Tage stellten sich jedoch Irrereden
schliesslich mit furibunden Delirien und Convulsionen
ein. Die Leber war durch Percussion nicht mehr nachzuweisen und am nächsten Tage erfolgte der Tod. Das
Kind starb 8 Tage später.

Bei der Section fand man die Leber verkleinert,
besonders auffallend im linken Lappen, blassbraun.

---

1) Dr. Kowatsch. Memorabilien. 1873. XVIII.
Schmidt's Jahrbücher. 158. 1873. pag. 33.

VI.[1])

Die aus Russland gebürtige Händlersfrau N., 38
Jahre alt, hatte 13 Mal schnell und glücklich und am
normalen Ende der Schwangerschaft geboren. Dieselbe
hatte seit dem 7. Monate der 14. Schwangerschaft
über Verdauungsstörungen geklagt und ein ungewöhnlich
mürrisches Wesen gezeigt. Vor 6 Tagen war die Patientin
von einem intensiven Icterus und zugleich von heftigen
Schmerzen in der Lebergegend befallen worden. Nach
3 Tagen traten Wehen ein und in kurzer Zeit erfolgte
die Geburt eines schwachen, stark icterischen Kindes.
Der Uterus zog sich träge zusammen, und Patientin
war noch sehr apathisch. Die Schmerzen in der Lebergegend hatten sich übrigens sehr vermindert. Milch-
andrang zu den Brüsten wurde am 2. Tage bemerkt.
Am nächsten Tage kehrten die Schmerzen in der Lebergegend zurück, und zwar in bedeutend stärkerem Grade.
Hieran schlossen sich Delirien, grosse Schmerzausbrüche,
Krämpfe der unteren Körperhälfte, heftiger Schüttelfrost
mit nachfolgendem Schweiss und Sopor. Zu dieser Zeit,
am 18. Februar, bekam der Autor die Patientin zum
ersten Male zu Gesicht. Dieselbe lag in bewusstlosem
Zustande da, stiess oft Klagetöne aus und athmete mit
lautem Geräusch. Die Haut hatte eine schmutzig-gelbe
Färbung, das Gesicht war etwas oedematös geschwollen.
Die Pupillenreaction träge. Der Puls ging langsam;
die Herztöne ziemlich schwach, wurden von dem lauten
Athemgeräusch fast verdeckt. Der Leib war weich,
weder Milz noch Leber zu palpiren. Bei Druck auf das

---

1) Dr. F. Weber. Petersburg. med. Wochenschrift. 3. 1876.

rechte Hypochondrium zeigte Patientin heftige Schmerzen.
Bei der vorsichtig unternommenen Percussion war der
Ton im Epigastrium und rechten Hypochondrium voll.
Die Dämpfung reichte kaum bis zum Rippenrande. In
der Axillarlinie betrug die Höhe der Leberdämpfung,
obgleich hier am grössten, nur 3". Am Uterus war
nichts Abnormes zu finden. Lochien waren reichlich
und normal. Aus den welken Brüsten konnte man ohne
der Patientin Schmerzen zu bereiten etwas Milch aus-
drücken. Die gefüllte Blase wurde künstlich entleert.
Im Harn fanden sich Gallenfarbstoffe und etwas Eiweiss.
Beim Schlingen zeigten sich keine Beschwerden. Der
Stuhl stellte sich täglich aber unwillkürlich ein, keine
Diarrhoe. Abendtemperatur 37,$_0$. Puls 70. Respiration 24.

Der Zustand währte im Gleichen den anderen Tag,
nur dass Oedem der unteren Extremitäten eintrat. Am
nächsten Tag ging das Oedem auf die oberen Extremitäten und das Gesicht über. Die Leberdämpfung erschien noch mehr vermindert.

Am 20. Eebruar war der Icterus noch intensiver;
die Respiration noch geräuschvoller; die Leberdämpfung
vorn gar nicht mehr vorhanden. Temperatur 37,$_5$. Puls
80. Respiration 28.

Am 21. Februar Vormittags Temperatur 38,9. Puls
124. Respiration 28.

Oedem der Extremitäten bedeutend vermehrt. Lochien
reichlich ohne besonderen Geruch. Leberdämpfnng vorn
nicht nachzuweisen; eine genauere Untersuchung wegen
des schlimmen Zustandes der Patientin nicht zu er-
möglichen. Um 1 Uhr Nachts trat der Tod ein. Leider
wurde Section nicht gestattet.

Was die Behandlung dieses Falles betrifft, so war sie nur eine symptomatische. Die heftigen Schmerzen in der Lebergegend wurden durch Eisblase bekämpft. Statt Calomel und Jodkali wurde bei Zunahme der Temperatur Natr. salicyl. verordnet.

VII. [1])

Eine 19-jährige Zweitgebährende, im 6. Lunarmonate der Schwangerschaft erkrankte im September 1860 nach vorangegangener Appetitlosigkeit, Erbrechen und Fieber am Icterus. Nach 8-tägigem Bestehen desselben wurde H. consultirt, welcher ausser Müdigkeit, Neigung zum Schlaf, mässige Fieberbewegungen und Kopfweh nur das gewöhnliche Bild einer katarrhalischen Gelbsucht sah und eine Mittelsalzlösung anordnete. Als jedoch H. nach Verlauf von 12 Stunden wieder herbeigerufen wurde, hatte sich das Krankheitsbild wesentlich geändert. In Folge einer Gemüthserregung war Schüttelfrost mit Ohnmacht und Delirien eingetreten. Der Puls betrug 128, war klein und gespannt; die Patientin litt an stetiger Uebelkeit und Erbrechen galligen Schleims, heftigem Kopfweh und einem betäubungsähnlichem Zustande, aus dem sie nur durch lautes Anreden geweckt werden konnte. Haut heiss und trocken; Lebergegend spontan und auf Druck schmerzhaft bot jetzt schon tympanitischen Schall dar, während vor 12 Stunden noch deutliche Dämpfung sich zeigte. Wegen der heftigen Hirnerscheinungen, des Fiebers, der geschwundenen Leberdämpfung und des zunehmenden Icterus

---

1) Th. Hugenberger. Petersbg. med. Ztschrft. VI. 2. 1864.

wurde acute Leberatrophie diagnosticirt und Calomel,
Clystire, Blutentziehungen und Eisumschläge auf den
Kopf angewendet. Trotzdem verschlimmerte sich der
Zustand rasch; maniakalische Aufregungen mit Stöhnen,
Schreien und Umsichschlagen wechselten mit tiefem
Sopor ab. Das gallige Erbrechen steigerte sich bis zum
Blutbrechen. Die Leberdämpfung wurde im Laufe des
Tages immer kleiner; der mit Katheter abgenommene
Urin war olivengrün und reich an Gallenfarbstoff; der
Stuhl, der zweimal freiwillig erfolgte, war gallig gefärbt.
In der folgenden Nacht wurde, nachdem schon den
ganzen Tag über Wehen vorausgegangen waren, die
icterisch gefärbte todte Frucht und Nachgeburt ausge-
stossen. Das bewusstlose Schreien und Toben dauerte
jedoch fort; Zuckungen der Gesichtsmuskeln, Zähne-
knirschen und Trismus traten hinzu, und bald erfolgten
Convulsionen, welche sich, nur von Sopor und lautem
Schreien unterbrochen, in 5 Stunden 30 Mal wieder-
holten, bis der Tod 36 Stunden nach dem Schüttelfroste
durch Lungenoedem eintrat. Section wurde nicht gestattet.

VIII.[1])

R. wurde zu einer sterbenden 19-jährigen Frau ge-
rufen, welche vor 11 Tagen in Folge einer Erkältung
Gliederschmerzen, vor 4 Tagen mässige Gelbsucht be-
kommen hatte; vor 2 Tagen von einem 7 Monate alten
todten Kinde in normaler Weise entbunden worden war
und vor 16 Stunden mit heftigem Durst, Hitze, Uebelkeit ohne Erbrechen, heftigen Unterleibsschmerzen er-

---

1) G. Roper. The Lancet. II. 22. 1863.

krankt war. Bei der Visite war die Patientin schon
kalt, fast pulslos; stöhnte, wälzte sich im Bette herum
und schlug mit den Händen um sich; war halb bewusst-
los und starb 2 Stunden später an Erschöpfung. Das
Kind war nicht icterisch, ohne Fäulnisserscheinungen.
Die Section der Frau beschränkte sich auf den
Unterleib und zeigte die Leber, deren Percussion schon
vorher eine sehr verringerte Dämpfung gezeigt hatte,
in allen ihren Richtungen beträchtlich aber gleichmässig
verkleinert, die Gallenblase leer. Der Uterus war
der Zeit entsprechend normal gross, die Nieren sehr
hyperaemisch und weich. Die mikroscopische Untersuchung ergab die Leberzellen völlig zerstört und durch
Körnchenmasse, Fettkügelchen und Pigment verdrängt;
die Nierenkanälchen mit Körnchenmasse und Blut über-
füllt. Der geringe in der Blase befindliche Harn war
dick, reich an Eiweiss und zeigte unter dem Mikroscope
granulirte Cylinder und viel Epithel.

IX. [1])

Eine 25-jährige, vor 3 Wochen zum 2. Male glück-
lich entbundene Frau erkrankte nach überstandenem
Wochenbett an Icterus. Ohne bekannte Ursache trat
plötzlich unter heftigem Fieberfrost eine rasch tödtliche
Verschlimmerung mit Bewusstlosigkeit, tiefem Sopor,
Convulsionen und besonders hartnäckigem, zuletzt blutigem
Erbrechen ein. Die Percussion an der Leiche ergab die
Leberdämpfung um die Hälfte geschwunden, so dass die
Diagnose einer acuten gelben Leberatrophie ziemlich

---

1) E. Simpson. Edinburg.
Schmidt's Jahrbücher. 165. 1865.

sicher war. Dieselbe wurde durch den Sectionsbefund
bestätigt. Der Leichnam war citronengelb gefärbt, alle
parenchymatösen Gewebe gesättigt gelb und von Galle
durchdrängt. Im Gehirn wenig Oedem, in beiden Lungen
blutige Anschoppung, das Herz welk und klein. Die
Magenschleimhaut mit blutigen Erosionen; das Bauchfell und Mesenterium mit mehrfachen Ecchymosen. Der
Leberüberzug leicht gerunzelt, die Leber selbst ungewöhnlich klein, nur in einem kleinen Theile des rechten
Lappens etwas derb; der ganze linke Lappen sehr ver-
dünnt, welk und matsch. Im Durchschnitt erschien das
Parenchym schmutzig gelb, morsch, ohne Spur eines
drüsigen Gewebes. Unter dem Mikroscope zeigten sich
die Leberzellen, selbst in den festen Theilen des rechten
Lappens gänzlich zerfallen. Der Uterus war nur wenig
zurückgebildet. Der Ueberzug desselben und seine Adnexe intensiv gelb und mit reichlichem entzündlichen
Exsudat bedeckt.

X. [1])

Eine 26-jährige Frau, welche schon 2 lebende Kinder
geboren hatte, überstand vor einem Jahre einen schweren
Typhus, wurde bald darauf zum dritten Male schwanger
und klagte seitdem über Schmerzen in der rechten
Seite. Vor drei Monaten trat ein leichter, bald von
selbst wieder aufhörender Icterus ein. Sie erkrankte
plötzlich unter Frostschauer mit nachfolgender Hitze,
verlor bald darauf die Besinnung und wurde 6 Stunden
darauf in das Hebammeninstitut gebracht. Sie zeigte

---

1) Th. Hugenberger.
Schmidt's Jahrbücher. 165. 1865.

bei der Aufnahme eine blassschwefelgelbe Haut, war
unbesinnlich, sehr unruhig, stöhnte und schrie; Temperatur $37,_{11}$ ° Celsius; Puls 88, weich, wegdrückbar, Athem
normal, Zunge weisslich belegt; bei Druck Schmerz
in der Lebergegend und Herzgrube; Leib gespannt;
Leberdämpfung beträchtlich vermindert, der linke Lappen
gar nicht nachweisbar. Es wurde acute Leberatrophie
diagnosticirt und Calomel, Klystiere, Eis auf den
Kopf angeordnet. Abends kam die Patientin mehr
zu sich, war jedoch sehr benommen und gedächt-
nissschwach, klagte über dumpfen Kopfschmerz und
grosse Empfindlichkeit der Lebergegend. Puls 90; Respiration 26; Temperatur $37,_{15}$ ° Celsius. Nachts war die
Kranke wieder sehr unruhig; kein Erbrechen. icterischer
Harn von 1014 specifischem Gewicht mit vielen Fetttropfen und kohlensauren Ammoniakkrystallen und mit
verfetteten, gallig pigmentirten Epithelzellen ohne Leucin-
und Tyrosinkrystalle; ohne Eiweiss und Zucker. Am 2.
Tage Koma von Stöhnen unterbrochen, mässiges Fieber,
welke kühle Haut; Puls 90; Zuckungen im Gesicht und
in den Extremitäten, 2 flüssige gallige Stühle. Am 3.
Tage schwankte die Temperatur zwischen $36,_{11}$ ° Celsius
und 38 ° Celsius; Puls 100 — 104; dauernder Sopor; un-
willkürliche Harn- und Stuhlentleerungen. Es wurden
nun kalte Begiessungen angewendet und bald darauf
traten Wehen und 4 Stunden später die Geburt eines
4 Pfund schweren, todten icterischen Knabens ein. Nach
der Geburt erfolgte nur geringe Besserung, der Sopor
dauerte fort, wechselnd mit Unruhe und stetem Umher-
werfen. Am 4. Tage wieder grössere Unruhe, Zuckungen
im Gesicht und in den oberen Extremitäten, schnarchen-

des, röchelndes Athmen; Erweiterung der Pupillen. Die
Temperatur sank bis auf 36,$_1$ ° Celsius herab und hob
sich nur vorübergehend auf kalte Begiessungen hin
wieder anf 37 ° Celsius. Der Puls wurde fast ver-
schwindend, 120, und nach kurzer Agone erfolgte der
Tod nach 4½ tägiger Krankheitsdauer.

Die Section ergab die Haut citronengelb, das Zellgewebe schmutzig gelb, die Muskeln dunkel, safranfarbig;
das Periost des Schädels und die Hirnhäute gelblich,
die Sinus blutüberfüllt, die Gehirnsubstanz oedematös.
Herzbeutel mit wenig Serum unter der Serosa, besonders
im Verlauf der art. coronaria Ecchymossen eingestreut.
Das Herz klein und welk, die Klappn gelb gefärbt. In
den Lungen links oben beginnende Hepatisation, unten
beiderseits zahlreiche, punktförmige und grössere Blutergüsse. Im Mesenterium und in der Darmserosa viele
Ecchymosen, ebenso in den beträchtlich geschwellten
Peyer'schen Plaques Blutextravasate; der übrige Darm-
kanal normal. Der Leberüberzug fast allseitig mit
dem Zwerchfelle verwachsen; die Oberfläche blassgelb
marmorirt. Die Leber selbst geschrumpft; 9″ breit,
6″ hoch und rechts 1½″, links nur ½—¼″ dick. Das
Parenchym im Durchschnitt ziemlich derb, schmutzig
hellgelb, granulirt, besonders der rechte Lappen, während
der linke an der Unterfläche mehr erweicht, vollkommen
zerfallen und morsch war. In der Gallenblase fand sich
nur wenige helle grünliche Galle. Die Intima der
grösseren Pfortaderäste, der Lebervenen, der unteren
Hohlvene und der Gallengänge intensiv gelb verfärbt.

Unter dem Mikroscope fand sich in einem Stücke
des linken Leberlappens Atrophie der Acini, Verfettung

der Leberzellen in der Peripherie und dem Centrum
der Acini, sowie des interacinösen Bindegewebes; endlich im Verlaufe der inter- und intraacinösen Gefässe
reichliches, dunkelbraunes Pigment. Die Milz war klein,
anämisch, sonst normal. Die Nieren waren schwer, die
Kapsel nicht adhaerirend; die Nierenoberfläche gelb
marmorirt; die corticalis stark entwickelt, blass und
weich, verfettet, die Medullaris normal, die Schleimhaut
der Kelche intensiv gelb; aus den Papillen eine gelblich
schleimige Flüssigkeit ausdrückbar. Unter dem Mikroscope erschienen die Harnkanälchen der Rinde von theils
verfettetem Epithel, theils fettig degenerirten Zellen erfüllt, mit nicht viel Gallenpigment; die Gefässschlingen
der Glomeruli gleichfalls fettig degenerirt (wenn nicht
die Fettkörner von den verfetteten Kapselepithel stammten).

XI. [1])

Die 22 - jährige, erstgeschwängerte R. erkrankte,
nachdem sie während der Schwangerschaft wiederholt
an leichtem Icterus gelitten hatte, 10 Stunden nach
einer normalen Entbindung von einem 8½ Pfund schweren
Mädchen unter heftigem Schüttelfrost und trockner Hitze
an einer heftigen Metroperitonitis. Puls stieg rasch auf
134, Temperatur auf 41,1 ° C. Am folgenden Tage trat
unter gleichzeitigen Delirien Sopor, bedeutende Schmerzhaftigkeit der Lebergegend und Icterus der Hautdecken
hinzu; während die Lochien sparsam und übelriechend
wurden und schliesslich aufhörten. Am 3. Morgen war
der Icterus über den ganzen Körper verbreitet; die

---

1) Erichsen. Schmidt's Jahrbücher. 165. 1865.

Leberdämpfung nur rechts unter den falschen Rippen nachweisbar, Harn gallig gefärbt, Stuhl verstopft. Unter vollständiger Bewusstlosigkeit und unzählbar werdendem Pulse erfolgte der Tod an Lungenoedem nach 60-stündiger Krankheitsdauer.

Sectionsbefund: Die Haut, das subcutane Zellgewebe und die Muskeln waren mässig icterisch gefärbt; ebenso das Endocardium und die Intima der grossen Gefässe; im Herzbeutel etwas icterisches, klares Serum, das Herz schlaff, die Klappen wenig verändert. Lungen blutreich, durch das sehr hoch stehende Zwerchfell comprimirt. In der Bauchhöhle mehrere Pfund icterischer, mit viel Fibrinflocken gemischte Flüssigkeit; das Bauchfell icterisch und namentlich über den Beckenorganen mit reichlichem Exsudat bedeckt. Das Mesenterium und das retroperitonäale Zellengewebe mit icterischen Serum stark infiltrirt und verdickt; die Därme tympanitisch aufgetrieben. Die Milz 14" hoch, 2½" breit, glatt; die Kapsel gerunzelt, icterisch; das Parenchym fast breiig erweicht. Die Nierenkapsel leicht abziehbar, die Oberfläche glatt, icterisch gefärbt, mässig blutreich, die Rinde im Durchschnitte schmal,. die Malpighi'schen Kapseln blutreich, die gewundenen Harnkanälchen icterisch, trübe, die Pyramiden blutreich; die Schleimhaut des Nierenbeckens icterisch. Beide Ovarien um das dreifache vergrössert, das Parenchym icterisch und verfettet. Der Uterus normal zurückgebildet, die Schleimhaut desselben icterisch. Die Leber auf der Konvexität durch einige Pseudoligamente mit dem Zwerchfelle verwachsen; die Glisson'sche Kapsel icterisch, mit einigen Exsudatflecken bedeckt, leicht gerunzelt; die Leberdurchmesser sämmtlich verkleinert, in der Breite 11"

(rechts 6″, links 5″) in der Höhe 5″ in der Dicke rechts
2″, links viel weniger. Die Leberconsistenz vermindert,
schlaff, welk; der Durchschnitt des rechten Lappens
zeigte deutlich acinöse Structur. Die Acini waren
mindestens normal gross, die Centralvenen und Aus-
breitungen der Pfortader stark gefüllt; das Parenchym
geschwellt, trübe, nicht icterisch. Die Acini des linken
Lappens verkleinert, die Gefässe blutreich, das Parenchym trübe, zum Theil die acinöse Structur noch erhalten. Am geringsten war die Atrophie der Acini an
der Oberfläche, bedeutender nach der Mitte zu, und in
einem centralen Heerde von $1\frac{1}{2}$″ Durchmesser, der sich
durch seine ockergelbe Farbe von der wenig pigmentirten Umgebung scharf abgrenzte, war der acinöse Bau
ganz geschwunden, die Consistenz matsch, das Gewebe
scheinbar homogen. Die Gallenblase mit etwas hell-
gelber, dickschleimiger Galle gefüllt, der Ductus he-
paticus und choledochus frei. Unter dem Mikroscope
waren in dem rechten Lappen die Acini normal gross,
die Leberzellen stark getrübt, mit feinkörnigem Fett gefüllt, stellenweise zerfallen. Im Parenchym des linken
Leberlappens waren die Zellen durchgängig fettig degenerirt, vielfach zerstört, und in ihrer Form nur noch
durch Haufen von Fettkörnern und Tropfen angedeutet,
das interstitielle Bindegewebe zeigte besonders nach der
Mitte zunehmende Fettdegeneration, bis endlich in dem
centralen Heerde das ganze Parenchym zu einem fettigen
Detritus zerfallen war. In den Nieren fand sich Icterus
und fettige Degeneration des Kapsel- und Harnröhren-
epithels der Rindensubstanz. Tyrosin- oder Leucin-
crystalle wurden nirgends gefunden.

XII. [1])

Eine 30-jährige, schwangere Köchin, in der letzten
Zeit immer gesund, erkrankte am 28. Juni 1864 mit
leichter icterischer Färbung der Haut, welche sie jedoch nicht am Arbeiten hinderte, bis sie plötzlich nach
4 Tagen Bluterbrechen und Nasenbluten bekam. Am
folgenden Morgen (2. Juli) fand man sie halb ohne Bewusstsein im Bett und vor demselben einen 5-monatlichen
Foetus nebst seiner Placenta und reichlichem Bluterguss.
Bei der sofortigen Aufnahme in der Entbindungsanstalt
konnte sie nur durch lautes Anrufen aus ihrem Halb-
schlummer erweckt werden und klagte über Angst, Be-
klemmung und Kopfschmerz. Der Puls war 120, die
Haut war intensiv icterisch; die Extremitäten kühl, Druck
auf Lebergegend so schmerzhaft, dass Patientin laut auf-
schrie; die Leberdämpfung nur durch eine schmale Zone
angedeutet. Schon 2 Stunden nach der Aufnahme erfolgte der Tod. Der mit Katheter entleerte Urin war
deutlich icterisch, aber ohne Eiweissgehalt

Section: Lungen in den unteren Lappen hyperämisch,
sonst normal. Herz normal. Nieren zeigten in der
Rinden- und Marksubstanz mehrfach kleine Blutergüsse,
ebenso im Nierenbecken; Epithelien der Harnkanälchen
waren fettig degenerirt. Die Leber klein, kaum 2 Pfund
schwer, besonders in Höhe und Dicke, weniger in die
Breite verkleinert, schlaff, auf der Oberfläche und im
Durchschnitt gleichmässig blassgelb mit äussert kleinen,
kaum zu erkennenden Acinis.

---

1) v. Haselberg. Monatsschrift f. Geburtsk. XXV. 8
1865. pag. 344.

Die mikroscopische Untersuchung ergab nirgends deutlich begrenzte Leberzellen, sondern statt derselben überall sehr reichliches, feinkörniges Fett, sowie ein reichliches interstitielles Bindegewebe. Die chemische Untersuchung ergab viel Leucin, kein Tyrosin. Gallenwege waren leer, Gefässe auffallend blutarm. Uterus und seine Adnexe boten nichts Ungewöhnliches, Magenschleimhaut blass, anscheinend normal.

Die angeführten Fälle mögen genügen, um das klinische und pathologisch-anatomische Bild der acuten gelben Leberatrophie, ihre Gefährlichkeit und Bösartigkeit besonders bei Schwangeren und Wöchnerinnen hinreichend zu illustriren. Zum Glück ist diese Krankheit, wie oben gezeigt, eine so enorm seltene, dass die Zahl ihrer Opfer eine relativ sehr geringe ist.

Zum Schlusse unserer Arbeit wollen wir noch einer Affection — Cholelithiasis — die, streng genommen, nicht mehr hierher gehört, aber durch die aetiologischen Beziehungen, welche die Schwangerschaft zu dieser Erkrankung hat und besonders durch den nachstehend mitgetheilten, auf hiesiger geburtshülflichen Klinik beobachteten Eall eine gewisse Berechtigung erhält, kurz Erwähnung thun.

Eine bekannte Thatsache ist, dass das weibliche Geschlecht eine entschieden grössere Neigung zur Gallensteinbildung hat als das männliche und zwar ist es besonders die Zeit vom 30. bis 40. Lebensjahre. Nach der von Durand-Fardel[1]) 1868 aus seinem eigenen Be-

---

1) Ziemssen. Handb. d. spec. Path. u. Therap. B. VIII.

obachtungskreis aufgestellten Statistik erkrankten an der Cholelithiasis Individuen

unter 20 Jahren	1 weibl.	und	1 männl.			
von 20—30	„	25	„	„	3	„
„ 30—40	„	40	„	„	13	„
„ 40—50	„	28	„	„	30	„
„ 50—60	„	32	„	„	19	„
„ 60—70	„	12	„	„	18	„
„ 70—80	„	4	„	„	4	„

142 weibl. = 62 % u. 88 männl. = 38 %.

Diese grosse Frequenz auf der Altersstufe von 30 bis 40 Jahren bei dem weiblichen Geschlechte bringt Durand-Fardel in ursächliche Verbindung mit der Schwangerschaft, welche die Gallensteinbildung begünstigen soll. Schüppel[1] verhält sich dem gegenüber sehr skeptisch, wenn er sagt: „nicht einmal die Thatsache als solche, dass nämlich die Gallensteinbildung beim weiblichen Geschlechte durch Geschlechtsfunktionen beeinflusst, beziehentlich begünstigt wird, ist festgestellt, geschweige denn, dass wir den inneren Zusammenhang zwischen jenem abnormen Vorgange und der Menstruation Schwangerschaft u. s. w. klar zu überblicken vermögen." Nach Sömmering soll in den Jahren, in denen die Menstruation aufhört, die Gallensteinkrankheit merklich häufiger sein.

Auch Eichhorst[2] erwähnt das Ueberwiegen dieser Erkrankung beim weiblichen Geschlechte besonders in den vierziger Jahren. Er sagt: „Ueber das Vorkommen von Gallensteinen lehrt die Erfahrung, dass Lebensalter

---

1) Schüppel. Ziemssen's Handbuch d. spec. Path. u. Therap. B. VIII.

2) Eichhorst. Spec. Path. u. Therap. I. 1883. S. 973.

und Geschlecht unverkennbar aetiologische Bedeutung
haben. Am häufigsten beobachtet man sie jenseits des
40. Lebensjahres und bei Frauen. Als Grund für häufigere
Erkrankung bei Frauen hat man die mehr sitzende
Lebensweise und Anlegen beengender Schnürleiber angegeben, Dinge, welche geeignet sein können, den Ab-
fluss der Galle zu hindern. Ferner will man wahrge-
nommen haben, dass gerade vorausgegangene Schwangerschaft die Entstehung von Gallensteinen begünstigt, dass
sie am häufigsten zur Zeit der Klimax sich ausbilden."
Wir glauben nicht, das man den Einfluss der
Schwangerschaft gänzlich leugnen kann. Auch bei·
unserer Patientin trat die Affection erst auf, nachdem
sie 4 Schwangerschaften durchgemacht hatte, und als
sie, obschon bereits in den klimakterischen Jahren, zum
5. Male concipirte, traten im Wochenbette die typischen
Anfälle, die mehrere Jahre ausgeblieben waren, plötzlich
wieder ein.
Die Patientin war die 46-jährige Kaufmannswittwe
N. N. aus X. Sie war seit ihrem 13. Jahre regelmässig
menstruirt, 4-wöchentlich, 8-tägig, nicht sehr reichlich.
In ihrem 21. Jahre heirathete sie zum ersten Male und
es erfolgten 2 normale Geburten und Wochenbetten.
Mit 26 Jahren verheirathete sie sich zum 2. Male, gebar
wiederum 2 mal, Geburten und Wochenbetten waren ohne
Störung. Das letzte Kind — in ihrem 33. Lebensjahre
— kam todt zur Welt. Wegen ungenügender Nahrung
hat sie nie selbst gestillt, ist jedoch eine gut genährte,
mit kräftigem Körperbau versehene Frau. Seit 12 Jahren
leidet sie an Anfällen, die in Schmerzen in der Lebergegend, welche nach der Brust und dem Rücken aus-
strahlen und denen bald Schüttelfrost folgt, bestehen.

Dabei kam es öfters zu galligem Erbrechen und Icterus. Diese Anfälle traten meist nach längerem Sitzen und Ruhe ein; wenn sie vorher gearbeitet hatte, blieben sie aus. Sie hielten meist 1—3 Tage an und zeigten sich dann besonders, wenn der Stuhlgang angehalten war. Der Arzt meinte: „es läge an Leber und Galle!" In den letzten 4 Jahren blieben sie mit Ausnahme eines einmaligen, unbedeutenden Anfalles im Januar 1887 aus. Vor 6 Jahren will sie magenleidend gewesen sein. Patientin ist seit 13 Jahren Wittwe, concipirte aber im vorigen Jahre und suchte Mitte Januar a. c. hiesige geburtshülfliche Klinik auf.

Die Geburt des Kindes erfolgte am 20. I. früh 1,₄₈ Uhr in normaler Weise.

Am 21. I. klagte Patientin über Schmerzen in der Magen- und Lebergegend, die nach dem Kreuze zu ausstrahlten. T. 38,₅. P. 106. Da der Verdacht auf puerperale Infection nahe lag, so wurde eine desinficirende Uterusausspülung mit 3 °/₀ Carbolsäurelösung gemacht. Die Untersuchung der Genitalorgane ergab normale Verhältnisse.

21. I. früh 5¹/₂ Uhr. Heftige Schmerzen in der Lebergegend und Schüttelfrost ¹/₂ Stunde lang; nachher Hitze und Schweiss. Beschwerden lassen nach. Da die Erscheinungen mit denen einer puerperalen Infection nicht mehr übereinstimmten, wurde an eine andere Affection, und zwar besonders wegen der Schmerzen in der Lebergegend an Cholelithiasis gedacht. Patientin giebt auch an, schon früher solche Anfälle gehabt zu haben. Urin kann spontan gelassen werden. Da kein Stuhlgang eintritt erhält sie Abends ol. Ricin. T. früh 39,₂. Abends 39,₄.

23. I. Nachts erfolgte 3 mal Stuhlgang, derselbe war reichlich, theils fest, theils weich. Die Schmerzen in der Lebergegend sind geschwunden, Patientin fühlt sich wohl. T. 36,5.

25. I. früh 2 Uhr. Frost, dann Hitze, kein Schlaf, Schmerzen in der Lebergegend. T. 39,3.
Ordo: Eisblase, Senfpapier auf Lebergegend. Morph. 0,005, 1 Löffel Ricinusöl.
Schmerzen liessen nach, viel Schlaf und Schweiss. Kollern im Leibe. Um 7 Uhr trat etwas dünner, auch fester Stuhl ein. Hierauf fühlt Patientin Erleichterung.

26. I. T. 39,3. P. 106. Patientin hat unruhig geschlafen; Hitzegefühl; Leib etwas aufgetrieben, aber weicher als gestern. Grosses Mattigkeitsgefühl. Leichter Icterus ist aufgetreten, der die Diagnose auf Cholelithiasis sehr wahrscheinlich macht.

27. I. 8h früh. Reichlicher Stuhl, Pat. ist sehr matt, Hitzegefühl, keine Schmerzen mehr.

11h Patientin schwitzt viel, grosse Mattigkeit, Jucken auf der Haut, sonst keine Klagen.

Untersuchung des Stuhlganges bestätigt die Diagnose Cholelithiasis. Es finden sich nämlich 2 ziemlich grosse Gallensteine und reichlich Gries. Die Steine sind von gelber Farbe, Consistenz mittelfest. Die Form derselben ist eine ungefähr 4-seitige unregelmässige Pyramide. Sie lassen sich mit dem Messer schneiden. Die Rinde ist gelb und 1—2 mm dick; das Centrum weiss mit dunklen Einstreuungen.

8h Abd. Reichlicher Stuhlgang. Enthält wieder einen Gallenstein von gleicher Form, nur etwas grösser, viel Gries.

28. I. Wohlbefinden, keine Schmerzen, Spur von Icterus.

Im Laufe der nächsten Tage wurden keine Gallensteine mehr gefunden; es trat kein Anfall mehr auf; Patientin erfreute sich eines steten Wohlbefindens. Sie wurde am 21. II. aus der Klinik entlassen mit dem Rathe Marienbader zu trinken und im Sommer nach Marienbad selbst zu gehen.

Welcher Zusammenhang besteht nun in diesem Falle zwischen den Anfällen von Gallensteinkolik und dem Wochenbett? Warum erfolgte der Durchgang der Gallensteine durch den ductus choledochus gerade im Wochenbett und nicht schon früher? Vielleicht ist die Ursache in den durch die Geburt veränderten intraabdominellen Druckverhältnissen zu suchen. Während in der Schwangerschaft in Folge der bedeutenden Volumenzunahme des Uterus der intraabdominelle Druck erhöht war, trat in Folge der durch die Geburt bedingten schnellen Verkleinerung des Uterus eine plötzliche Abnahme des Druckes ein. Diese eintretende Druckschwankung blieb vielleicht nicht ohne Einwirkung auf die Gallensteine und verursachte ihren Durchtritt durch den ductus choledochus in den Darm unter den typischen Anfällen. Es soll damit jedoch nicht gesagt sein, dass nicht noch andere treibende Kräfte hierbei wirksam gewesen seien, wie z. B. Druck des Zwerchfells und der Bauchpresse bei Athembewegungen, Druck der nachrückenden Galle, Eigenschwere der Steine u. s. w. Ueber derartige Fälle scheinen keine Beobachtungen gemacht worden zu sein, wenigstens habe ich in der mir zugänglichen Literatur keinen derartigen Fall verzeichnet gefunden.

Am Schlusse meiner Arbeit ist es mir noch eine angenehme Pflicht, meinen hochverehrten Lehrern, Herrn Geheimen Hofrath Prof. Dr. B. S. S c h u l t z e für die gütige Ueberlassung der beiden Fälle, insbesondere aber Herrn Privatdocent Dr. F. S k u t s c h für das bewiesene Wohlwollen und die freundliche Unterstützung bei der Anfertigung der Arbeit meinen herzlichen Dank auszusprechen.